中国地质大学（武汉）实验教学系列教材
中国地质大学（武汉）实验技术研究项目资助

澄江、关岭、热河三大生物群图集

蔡熊飞　陈斌　王莉　吴丽云　编

中国地质大学出版社有限责任公司
ZHONGGUO DIZHI DAXUE CHUBANSHE YOUXIAN ZEREN GONGSI

内 容 提 要

本书是与地史学教程配套的实习参考书，以中国地质大学地球生物系（武汉）馆藏标本为基础，我们编辑、出版可供地质类专业64学时地史学课程参考之书。书中三大生物群标本完美、基本构造清楚、图版制作精彩，是一本提高形象化教学的参考书。可供高等院校地质类专业地史学课程实习之用。本书也具有“收藏、欣赏”的作用，可供这方面的爱好者和旅游爱好者博览。

图书在版编目(CIP)数据

澄江、关岭、热河三大生物群图集/蔡熊飞等编. —武汉：中国地质大学出版社有限责任公司，2011.12

ISBN 978-7-5625-2769-5

Ⅰ. ①澄…
Ⅱ. ①蔡…
Ⅲ. ①生物群-中国-图集
Ⅳ. ①Q152-64

中国版本图书馆CIP数据核字(2011)第249777号

澄江、关岭、热河三大生物群图集	**蔡熊飞　陈斌　王莉　吴丽云　编**
责任编辑：舒立霞　刘桂涛	责任校对：张咏梅
出版发行：中国地质大学出版社有限责任公司（武汉市洪山区鲁磨路388号）	邮政编码：430074
电　　话：(027)67883511　　传真：67883580	E-mail：cbb @ cug.edu.cn
经　　销：全国新华书店	http://www.cugp.cug.edu.cn
开本：787毫米×1092毫米 1/16	字数：115千字　印张：4.5
版次：2011年12月第1版	印次：2011年12月第1次印刷
印刷：武汉鑫艺丰彩色印务有限公司	印数：1—2 000册
ISBN 978-7-5625-2769-5	定价：46.00元

前　言

地史中重要生物群标本的建设在地球生物学的窗口建设中尤为重要，因为它是学科发展的需要和重要源泉之一，也是提高学生专业兴趣的途径。重要生物群包括多时代、多种生物群类型，但最值得一提的是当今的三大生物群。

当今的三大生物群，主要指澄江生物群、关岭生物群、热河生物群。地史学课程中很少涉及，但必须让学生了解。如澄江生物群，被称为地质时期生物群的黎明。保存在云南省澄江县地区，距今5.2亿年的早寒武世的早期泥岩中的大量特异化石群澄江生物群，是显生宙全球海洋生物大爆发的记录，由古蠕虫、始莱得利基虫、海口虫等为代表的多门类生物群组成。

关岭生物群，被称为世界罕见化石库。发现于贵州关岭县新铺乡黄土塘一带的三叠纪地层中，主要包括海生爬行动物、海百合、鱼、菊石等，其中海生爬行动物和海百合化石数量多、保存完好、形态精美，是难得的珍稀化石。这些生物大爆发一方面与课程教学紧密相关，另一方面包含无穷的奥秘，有助于同学们今后去揭开许多未知之谜。

热河生物群，被称为世界古生物化石的宝库，距今1.2～1.3亿年，包括大量恐龙和鸟、虾、蝉等各种脊椎、无脊椎动物群和植物群。

三大生物群标本建设是个系统、艰巨的长期工作，并不是一朝一夕能完成的。在“十一五”期间，我们以项目申请的形式，在学校职能部门的关心和大力支持下，把每年标本经费的70%～80%用于系古生物学、地史学、普通地质学三门课程的实物建设，20%～30%用于学科窗口标本建设。古生物学科发展历史上大的生物群爆发的研究成果在地质学科中有着重要价值和应用前景，但限于学时数而未涉及到有些重要类型的标本建设。

学科窗口标本一般都比较昂贵，而且不容易获得，尤其是三大生物群，被称为“世界化石宝库”，标本建设尤为艰难，化石尤为珍贵且作为“名地”被加以保护。因而其来源往往甚为困难。我们坚持多年，一直做窗口标本建设的“有心人”。

多次去江南采集或请标本厂家去购买等。这些珍贵标本，一般价格昂贵，不能随意购买，必须坚持少花钱原则。如辽西生物群“华夏鸟”化石市场高达十万元，我们仅花费几千元。三大生物群标本建设由于“贵在坚持”、“贵在有心”，年年都有计划、有目的买一些，今天终于初具规模。

在三大生物群中，澄江生物群、热河生物群的生物群组合面貌远比有些博物馆中的内容更丰富，有些标本之精彩，对地史学课程起了进一步延伸和补充作用。

这些形态精美的珍稀化石一方面与课程教学紧密相关，另一方面包含无穷的奥秘。经常可以看到同学们利用课余或在课堂上仔细观看这些化石，久久不愿离去，还不断打破沙锅问到底，这就大大提高了同学们的学习兴趣。同时，这些化石包含了无穷的科学奥秘，有助于同学们今后去揭开许多未知之谜。

学科窗口建设内容尽管在理论教学中涉及不多，也不要求同学们掌握，但对培养学生专业科学兴趣十分有益，且收到了意想不到的效果。每年毕业实习，总听到许多同学说："我喜欢古生物，我要选择地球生物系的研究方向。"许多在校外比赛中获大奖的学生不少是来自地球生物系。2011 年 4 月，中国地质大学(武汉)举办的大型化石展的举办者，也是来自地球生物系的学生。

常规建设和窗口建设并不是矛盾的，而是相互互动的，是窗口与常规(后劲与基本)的关系。

课堂实习标本称为常规(基本功)学习，而围绕课程和学科发展的标本建设，称为窗口学习。对学生而言，二者是基本和后劲的关系。如果说，课堂实习标本，是学好课程的平台，那么围绕课程和学科发展的窗口标本建设是拓宽和深化学习古生物课程的平台。

窗口内容一般不作为指定的实习内容，而是学生在学好课堂实习标本的基础上，利用课中、课余和专门时间进行开放，以便提高同学们对课程综合学习能力和对地史中几次生物群大爆发的兴趣。

如地史中建立各个阶段生物群面貌和生物组合的标本以及地质年代表内容，使同学们能够根据平时学好的各门类古生物代表分子，寻找其在地质历史中的位置和时代，从而掌握具体标本的作用。地质年代表的开放，使同学们能够根据平时学好的各门类化石，体会各时代生物群组合的面貌和演化特点，从而深刻认识到，古生物学不是仅几个门类的化石就能概括出它的特点和作用，其在古生物演化、地层、构造、地质演化等方面都能起很大的作用。

学科窗口建设是地球生物系今后建设中不可忽视的重要方面和内容。

编　者

2010 年 12 月于武汉

目　录

第一章　澄江生物群 …… (1)

第一节　澄江生物群发现的背景 …… (1)

第二节　澄江生物群的组成 …… (2)

第三节　澄江生物群与较早的生物群之间的关系 …… (5)

第四节　澄江生物群与环境的关系 …… (6)

第五节　澄江生物群的研究意义 …… (7)

第六节　澄江生物群陈列标本 …… (9)

第二章　关岭生物群 …… (21)

第一节　关岭生物群发现的背景 …… (21)

第二节　关岭生物群的组成 …… (21)

第三节　关岭生物群与环境的关系 …… (24)

第四节　关岭生物群的科学意义 …… (24)

第五节　关岭生物群陈列标本 …… (26)

第三章　热河生物群 …… (38)

第一节　热河生物群的研究概况 …… (38)

第二节　热河生物群的组成 …… (38)

第三节　热河生物群与环境的关系 …… (40)

第四节　热河生物群的研究进展 …… (41)

第五节　热河生物群的科学意义 …… (43)

第六节　热河生物群陈列标本 …… (44)

结束语 …… (62)

特别鸣谢 …… (65)

参考文献 …… (66)

第一章　澄江生物群

在漫长的生物演化史上，最令人感兴趣而又迷惑不解的现象莫过于寒武纪早期生物演化的爆发性辐射，即通常所说的“寒武纪生物大爆发”。在世界各地的地层序列中，以三叶虫为代表的寒武纪生物群几乎是在寒武纪之初突然涌现出来的。达尔文在《物种起源》中曾特别探讨过“寒武纪生物群在最低化石层位中的突然出现”。他试图用“地质记录的不完整性”来解释这一奇特现象，但却无法令人信服。他预见到，生物进化论可能遇到的最大挑战之一将来自对这一问题的不同解释。

第一节　澄江生物群发现的背景

澄江生物群由侯先光1984年发现于云南澄江县的帽天山，并由张文堂、侯先光(1985)首次报道和命名。20余年来，以陈均远、侯先光、舒德干、罗惠麟等为首的课题组对澄江生物群开展了持续的化石发掘，发现并研究了寒武纪早期的20多个门和亚门一级、近50个纲的227个物种，有史以来第一次生动地再现了距今5.2亿年前地球上海洋生物世界的真实面貌，将包括脊索动物在内的大多数现生动物门类的最早化石记录追溯到寒武纪初期。研究还发现了寒武纪巨型肉食类动物和复杂食物链，以及动物集体行为的存在等，充分展示了寒武纪大爆发的规模、作用和影响以及由此产生的生物多样性和复杂生态系统。

澄江生物群是一个举世罕见的化石宝库。这些最原始的各种不同类型的海洋动物软体构造保存完好，千姿百态，栩栩如生，是目前世界上所发现的最古老、保存最好的一个多门类动物化石群；生动如实地再现了当时海洋生命构成的壮丽景观和现生动物的原始特征，为研究地球早期生命起源、演化、生态等理论提供了珍贵证据。澄江生物化石群的发现，引起世界科学界的轰动，被称为“20世纪最惊人的发现之一”。

第二节　澄江生物群的组成

澄江生物群生物门类属种极为丰富，分属藻类、管栖、栉水母类、海绵、腔肠、节肢、腕足、软舌螺、环节、蠕形、脊索等动物门或超门，几乎涵盖了除苔藓之外的所有现代生物门类，其中某些形态奇特、已经绝灭的动物，暂以奇虾类、叶足类、栉水母类动物命名（表1-1）。

生物形体保存极为完好，许多生物化石保存了生物的各种软体组织，如表皮、感触器、眼睛、肠、胃、口腔、腺体、神经等，甚至可见消化道中的食物和粪便。这一发生在距今5.2亿年前的生物事件，令世界上所有关于澄江生物化石群中的生物出现于寒武纪生物大爆发时期，除了低等植物藻类外，大量代表现生各个动物门类的动物同时出现。也就是说，大多数现生各动物门类代表在澄江生物化石群中都有发现。而在寒武纪之前，除了分散的海绵骨针外，还没有出现过这些动物。

表1-1　澄江生物群门类组成统计表

门类	属数	种数	物种比率	门类	属数	种数	物种比率
藻类	3	3	1.3%	刺细胞动物门	7	7	3.1%
节肢动物门	75	84	37.0%	奇虾类	4	4	1.8%
海绵动物门	21	28	12.3%	棘皮动物门	2	2	0.9%
曳鳃动物门	18	19	8.4%	星虫类	2	2	0.9%
叶足类	12	12	5.3%	毛颚动物门	1	1	0.4%
脊索动物门	10	10	4.4%	环节动物门	1	1	0.4%
腕足动物门	9	9	4.0%	开腔骨类	1	1	0.4%
软舌螺类	4	8	3.5%	箒虫类	1	1	0.4%
栉水母类	7	7	3.1%	分类不明	22	22	9.7%
古虫动物门	7	7	3.1%				

（引自赵方臣等，2010）

澄江生物群的物种分异度高（228种），多数物种为单属种，通常具有门一级分类特征。已经确定的生物门类有18个（表1-1），按各类物种所占比例，不同门类在生物群中的顺序依次是节肢动物(Arthropods,84 种,占 37%)、海绵动物(Poriferans,28 种,占 12.3%)、曳鳃动物(Priapulids,19 种,占 8.4%)、叶足类(Lobopods,12 种,占 5.3%)、脊索动物(Chordates,10 种,占 4.4%)、腕足动物(Brachiopods,9 种,占 4%)、软舌螺(Hyoliths,8 种,占3.5%)、古虫动物 (Vetulicolids,7 种,占 3.1%)、栉水母类(Ctenophores,7 种,占 3.1%)、刺细胞动物(Cnidarians,7 种,占 3.1%)、奇虾类(Anomalocarids,4 种,占 1.8%)、藻类(Algae,3 种,占 1.3%)、棘皮动物(Echinoderms,2 种,占 0.9%)、星虫类(Sipunculas,2 种,占 0.9%)、毛颚类动物(Chaetognaths,1 种,占 0.4%)、环节动物(Annelids,1 种,占 0.4%)、开腔骨类(Chan-cellorids,1 种,占 0.4%)、箒虫类(Phoronids,1 种,占 0.4%),还有大量疑难化石的生物门类属性难以判定(Unknown,22 种,占 9.7%)。上述数据表明,澄江生物群不仅包括了现生海洋中主要的无脊椎动物门类,而且还出现了原始的脊椎动物(Vertebrates),如昆明鱼(*Myllokunm-ingia fengjiaoa*)、海口鱼(*Haikouichthys ercaicunensis*)、钟健鱼(*Zhongjianichthys rostradus*)等。在我们的统计分析中,节肢动物相对丰度最高,占物种数量的 37%,并不像先前学者 Leslie 等和 Hou 等所报道的 60%。究其原因主要是因为近年来大量新化石点的发现和持续的化石发掘,新的软躯体化石种类不断被发现,使节肢动物所占比值下降。值得一提的是,在澄江生物群里除现生的生物门类外,还包括一些早期已灭绝的动物门类,如古虫动物门(Vetulicolids),很可能是后口动物谱系基干类群。同时,后口动物谱系中的原始脊椎动物(*Myllokunmingia fengjiaoa*,*Haikouichthys ercaicunensis*)以及原始棘皮动物古囊类(*Echinoderms? Dianchicystis jianshanensis*,*Vetulocystis catenata*)、具头索动物特征的云南虫(*Yunanozoon lividum*),海口虫(*Haikouella lanceolata*)及尾索动物(*Shankouclava anningense*,*Cheungkongella ancestralis*)的化石代表在澄江化石库里都有发现,因而早期动物演化谱系图在寒武纪早期基本构建完成,近年来新发现的化石也证实了埃迪卡拉生物群分子(*Stromatoveris psygmoglena*)在澄江化石库也有保存。以上分析数据,充分支持了动物在寒武纪爆发式辐射演化事件的规模和特征。

一、藻类

藻类为最简单、最古老的植物,现分布于世界各地,海水、淡水中及潮湿地区都可见其踪迹。澄江生物化石群包括大量的藻类化石,它们常富集在岩层面上,其特征多为不分枝的粗细不同的丝状体,极少类型呈螺旋状体。

二、多孔动物门

多孔动物门也称海绵动物门,属于最原始的多细胞动物,整个身体是由内、外两层细胞构成,固着水底生活,体型多样,均属辐射对称型。澄江生物化石群中海绵动物丰富多彩,至少包括 20 个属种,分属于六射海绵纲和普通海绵纲。

三、刺细胞动物门(腔肠动物门)

刺细胞动物门(腔肠动物门)是真正的后生动物的开始,组织分化上比多孔动物更进一步,有了神经和原始肌肉细胞。分属于海葵类和栉水母类。

四、线形虫动物门

现生线形虫动物体呈长线形,大多数种类幼虫营寄生生活,成虫生活在水中。线形虫是澄江生物化石群中最常见的种类之一,体呈细长的圆筒状。

对线形虫动物门研究的最重要的发展将可能成为应用于临床肿瘤学、基础生物学、神经生物学和细胞生物学的最新技术,通过测定胃肠道激素系统(基因、前身物或受体)的某些成员,来诊断、分类、监测和处理癌症和精神病。

五、鳃曳动物门

鳃曳动物均为海生,分为吻、躯干和尾部。

六、动吻动物门

现生动吻动物体小,呈圆筒形,身体分节,口在前端,骨板构造环绕口部。澄江化石群中的动吻动物也称奇虾类动物,体大,体长可达 1m,是当时海洋中的庞然大物。澄江化石群中的动吻动物也被认为是节肢动物的一个分支,但它们的口部及附肢构造完全不同于节肢动物。至少有 4 属 4 种存在于澄江生物化石群中。

七、叶足动物门

叶足动物门包括现生的有爪类,也称栉蚕,也有人把它归入节肢动物门的有气管亚门原气管纲,全为陆生,仅分布于南半球少数地区。至少有 6 属 6 种存在于澄江生物化石群中,其类型的多样性令科学界大为惊奇。

八、腕足动物门

腕足动物门主要为保存肉茎的舌形贝类,是目前世界上保存最好的具肉茎腕足类化石。通过和现代舌形贝比较,显示出该类动物在漫长的历史长河中进化的极端保守性。目前在澄江化石中发现了 4 属 4 种。

九、软体动物门

软体动物门是以现已绝灭的软舌螺动物为代表。

十、节肢动物超门

裂肢动物门节肢动物是澄江生物化石群中最为庞大的一类。

十一、棘皮动物门

棘皮动物门在澄江生物群中仅报道1属1种。

十二、分类位置不定类群

目前，在澄江生物群中有22属22种，由于研究程度不够，还不能置于现生的各动物门中，包括水母状化石、云南虫、火把虫等。

第三节　澄江生物群与较早的生物群之间的关系

比澄江生物群出现早的海生无脊椎动物群有两个：一个是寒武系底部的梅树村期小壳群，另一个是元古代晚期澳大利亚的埃迪卡拉（Ediacaran fauna）动物群。

梅树村期小壳化石在地层上恰好位于澄江生物群之下。所谓小壳化石，绝大部分是用酸处理后所获得的不同外形的微小化石个体，完整个体较少而且没有软体保存。在分类上多数是形态分类，一些属种的隶属关系不明，如一些刺状、骨片状、小球状的属种等。但梅树村期小壳化石中的不少属种可归属于海绵动物门、腕足动物门、软体动物门、软舌螺动物门等。上述这些门类在澄江生物群中都有代表。因此我们可以说小壳化石和澄江生物群的属种在演化上是有连续性的。实际上在梅树村期，澄江生物群一些属种已经出现，有些矿化了的部位保存了各种形态的小壳化石。如 *Microdictyon* 一属是研究世界各地区寒武系底部小壳化石时发现的网状圆形或椭圆形骨片，后来在澄江东山发现完整化石标本，证明圆形骨片是完整虫体背部对称排列的18个骨片状构造。*Microdictyon* 是澄江生物群的重要成员之一。这是今后研究梅树村期小壳化石应当注意的一个问题。节肢动物门在寒武纪早期海生无脊椎动物的演化方面占有重要的地位，但梅树村期小壳化石中属于节肢动物的属种尚未确定。世界寒武系底界层型剖面的研究虽然暂告一段落，我国梅树村期小壳化石的研究不应停止，尤其是有疑问的属种的高级分类归属方面应有所突破。这样才能显示我国在这一研究领域的学术水平。

埃迪卡拉动物群出现在南澳大利亚元古代晚期，其中主要是软体的水母类、蠕虫类、腔肠动物（Pennatulaceans）、棘皮类、节肢动物及其他一些分类位置不定的属种。这一动物群的属种虽然不多，但经过长时期研究发现，分布地区较广，如澳大利亚、俄罗斯西北部白海地区、加拿大西北部育空地区、纽芬兰及中国湖北三峡地区等。Seilacher（1989，

1992)根据横剖面型线图(Body－plan)的特征,认为埃迪卡拉动物群与后生动物不同,应归属 Vendozoa 或 Vendo－bionta。因为在寒武纪地层内不曾发现埃迪卡拉动物群的分子,有些学者认为元古代晚期有集群绝灭的发生。近年来在北美布吉斯页岩内及美国 Vermont 早寒武世的地层内发现 *Thaumaptilon*, *Mackenzia*, *Emmonaspis*, *Glenoptron* 等属。这些属群与埃迪卡拉生物群一些属非常相似,如 *Charniodiscus*, *Charnia*, *Vaizitsinia*, *Khatyspytia*(*Cnidaria*, *Pennatulacea*), *Inania*, *Protechurus*, *Platypholinia*(*Actinarian anthozoans*), *Pteridinium*(*Ediacaran frond－like fossils*)及 *Gelenoptron*(*Chondrophorine*)(Conway Morris, 1993)。最近在爱尔兰晚寒武世地层内发现 *Ediacaria*、*Nimbia* 等埃迪卡拉动物群分子(Crimes *et al.*,1995)。在澄江及马龙早寒武世地层内发现叶状(frondlike)及扇形化石(Zhang & Babcock,1996)。澄江生物群的叶状化石及 *Eldonia*、*Rotasdiscus* 等重要属种与埃迪卡拉动物群的 *Pennatulaceans* 类及水母类化石均可对比。Conway Morris(1993)还指出 *Naraoia* 的幼虫个体与埃迪卡拉动物群的 *Skania* 相似。从上述的一些发现可知,埃迪卡拉动物群的一些属种或相似的属种在寒武纪也有出现,因此埃迪卡拉生物群和澄江生物群之间有着演化上的联系,元古代晚期的生物绝灭事件看来没有更多的证据。

第四节　澄江生物群与环境的关系

澄江生物群的出现与环境因素紧密相关。由于地壳的演化、大陆的增生、元古代晚期扬子地台的基底形成,古生代早期向东南方向增生,形成一个适中的浅海地台区。寒武纪气候温暖,海水中食物丰富,不仅为澄江生物群的出现,而且为三叶虫及古杯类等海生无脊椎动物适应辐射提供了有利的生态机遇。扬子地台西部的华蓥山断裂以西,震旦纪地层之下有大面积的花岗岩体,四川的地质学家称之为"川中地块",实际上此岩体即扬子地台的陆核。该陆核的东部地区有元古代砂页岩及灰岩等的沉积,经晋宁运动而褶皱变质,并与西部的陆核区胶合在一起,形成扬子地台的基底。震旦系是扬子地台上第一个沉积盖层。生命经过 32 亿年的演化过程后,终于在元古代晚期出现了海生软体无脊椎动物,如淮南及三峡地区发现的蠕虫类及 *Paracharnia* 的化石。此后又经历震旦纪晚期地台浅海海域的适应及适应突破,古生代早期在扬子地台内出现了带壳的海生无脊椎动物及澄江生物群。

早寒武世古杯类生态环境的研究(Hill,1972)表明,这类动物一般生活在水深 20～30m 的海水中,气候温暖,可形成古杯礁。我国西南地区,如陕南、川北、鄂西、黔北等地是早寒武世古杯类化石的产地,上述地区都位于西南寒武纪沉积的中区。因此扬子区的西区海水深度在 1～20 m,东区的海水较深。从西南地区及华北区寒武纪的沉积看,寒武纪的气候应该是炎热或温暖的。如扬子地台西南及北部边缘，中寒武世早期及华北地区早寒武世晚期地层都是红色地层。在川南与贵州交界地区，四川长宁石油钻井中发现早寒武世晚期及中寒武世早期岩盐的沉积。从我国寒武纪沉积与冈瓦纳北缘、巴基斯坦、伊朗、阿曼及阿拉伯半岛寒武纪砂岩、红层及含盐地层的沉积来看，这些地区寒武纪的气候和我国一样，也是炎热或温暖的。我国南方寒武系底部黑色炭质岩层大范围的分布及澄江生物群中有众多藻类化石的发现，都说明浅海水域内丰富的有机质为众多的海生无脊椎动物提供了食物来源。

上述这些外部的环境和气候因素，提供了有利的、适时的生态机遇，这是澄江生物群在我国西南地区，尤其是在云南东部出现的必然原因。

第五节　澄江生物群的研究意义

已知的最老的保存软体的生物群是中寒武世的加拿大布尔吉斯页岩生物群，它比早寒武世的“寒武纪大爆发”要晚1000多万年。因此，加拿大布尔吉斯页岩生物群不可能指出地球上最老的动物都是些什么。我们对寒武纪生物大爆发所产生的生物及生物群落结构所知甚微。在现代的海洋中，70%以上的动物种和个体实际上都是由软组织构成的，因而极少有形成化石的可能。那么寒武纪生物大爆发时是不是也会产生如此众多的软躯体动物？澄江生物群的发现，使我们如实地看到了地球海洋中最古老的动物原貌；使我们认识到，自寒武纪生物大爆发时，地球海洋中就生活着纷繁的生态各异的动物；绝大多数地层中保存的硬骨骼化石误导了我们对早期生命的认识。例如，叶足动物门的有爪动物，现在只生活在南半球的少数陆地地区。澄江生物群告诉我们，有爪动物在寒武纪大爆发时不但存在，其形态还出乎意料地比现代有爪动物更加丰富多彩。

澄江生物群化石保存在细腻的泥岩中，动物的软体附肢构造保存精美，且呈立体保存。构造细节能比较容易地在显微镜下用针尖揭露出来。通过澄江化石的研究，我们完全能够修正某些同类生物群原先研究的错误观点。如动吻动物门的大型奇虾类动物，具有100余年的研究历史，过去一直认为此类动物是无腿的巨大怪物。澄江生物群不但存在这类动物，而且保存好，类型多，我们的研究从根本上改变了原来的观点。加拿大布尔吉斯页岩叶足动物门的怪诞虫的研究，科学界一直把它作为不可思议的奇形怪物。而通过对澄江同类化石的研究，证明原来的研究成果是背、腹倒置。如果没有澄江生物群，我们对这些动物的认识永远是一个谜。

节肢动物是动物界中最庞大的一类，但是关于节肢动物的原始特征以及各类群之间的关系，科学界对其了解很少。以往所发现的化石，多是节肢动物的外骨骼，而解决节肢动物的分类，论述其演化关系，关键构造是腿肢。保存好的腿肢在化石中很少发现，因此，关于寒武纪节肢动物的系统分类处于一个混乱状态。通过澄江节肢动物的研究，对节肢动物分类关系和原始特征有了一个清楚的认识。澄江节肢动物具有一个非常原始的体躯分化，例如现代虾大约有 18 个不同类型的体节，而澄江节肢动物仅仅 4 个。这充分展示了随着漫长时间的推移，节肢动物体节特化而行使不同功能的演化趋势。澄江生物群中，双瓣壳节肢动物多种多样，小者 1mm 左右，大者可达 100mm 以上，许多种类保存有完美的软体附肢。研究证实，相似壳瓣却包裹着完全不同的软体和附肢。因此，它们的壳瓣不能作为分类和相互关系的依据，壳是趋同演化的结果。同是双瓣壳节肢动物，它们可以分属于不同的超纲。因此，澄江生物群为我们研究早期生命起源、演化提供了宝贵证据（图 1－1）。澄江生物群向人们展示了各种各样的动物在寒武纪大爆发时立即出现，现在生活在地球上的各个动物门类在澄江生物群中几乎都已存在，而且都处于一个非常原始的等级，只是在后来的演化中，各个不同类群才演化为一个固定模式。如现在所有昆虫的头部体节数量都是一样的，而原始的节肢动物类群头部体节的数量变化则相当大（从 1 节到 7 节）。从形态学的观点来讲，早寒武世动物的演化要比今天快得多。新的构造模式或许能在“一夜间”产生，门和纲一级的分类单元特征所产生的速度或许就如我们认为的种所产生的速度一样的快。而达尔文认为，较高级的分类范畴是生物种级水平演化变化慢慢堆积的结果，依次达到属、科、目、纲和门级水平。这并不意味着达尔文的观点是不正确的，由于受当时科学条件束缚，其理论是不全面的。自然选择很大程度上是一个稳定选择，这种选择有可能阻碍着演化。另外，正如在现生的昆虫和植物中所遇到的情况，新种或许通过单个或少数几个突变就可以形成，实际上杂交种却难于产生。在寒武纪，新门（例如腕足动物门）通过不同器官在成长过程中简单的转换就可以产生，以至于成年个体能够保存祖先幼虫的滤食生活方式。这个过程在几百年或几千年内就可以形成、产生新门。澄江生物群给我们提供的生物高级分类单元快速演化的证据（突变）是在教科书中读不到的。澄江生物群给我们提供了一个完整的最古老的海洋生态群落图，之前我们对这种生态群落的认识几乎是一片空白。现在，我们不仅能知道在寒武纪大爆发时产生了哪些动物，还能初步了解不同动物的生活方式和食性。澄江生物群或许还能帮助我们了解寒武纪生物大爆发中生物演化的原因，以及诱发这种大爆发的起因。

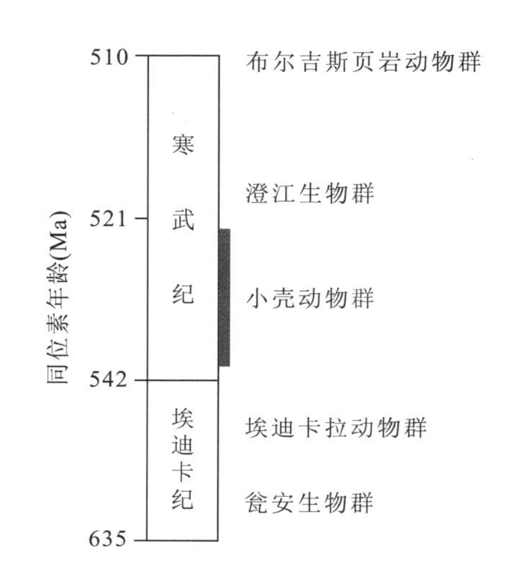

图 1－1　澄江生物群在地质历史演化中的位置

第六节　澄江生物群陈列标本

（馆藏）

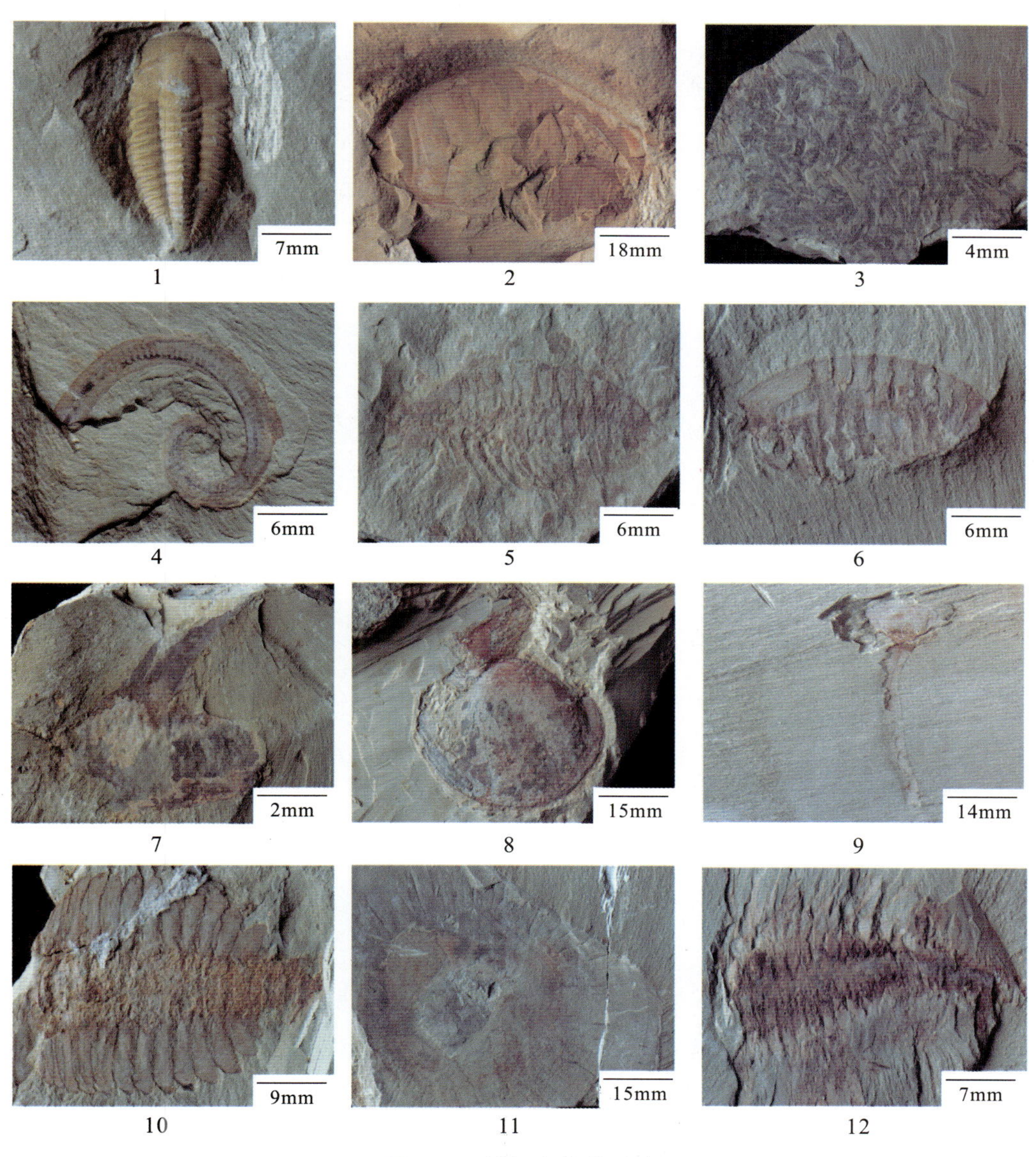

图 1－2　澄江生物群面貌

1. *Yunnanocephalus yunnanensis*（云南头虫）；2. *Pomatrum ventralis*（圆口虫）；3. *Haikouella lanceolata*（海口虫）；4. *Cricocosmia jinningensis*（环饰蠕虫）；5、6. *Leanchoilia illecebrosa*（迷人临蚄尔虫）；7. *Amplectobelua symbrachiata*（双肢抱怪虫）；8. *Hyolitha*（软舌螺），*Heliomedusa orienta*（日射水母贝）；9. *Lingulella chengjiangensis*（澄江小舌形贝）；10. *Fuxianhuia protensa*（抚仙湖虫）；11. *Stellostomites eumorphus*（真形星口水母钵）；12. *Naraoia spinosa*（刺状娜罗虫）

图 1-2-1 *Yunnanocephalus yunnanensis* Mansuy,1912(云南头虫)

云南头虫:头鞍切锥形,不甚显出。内边缘凹下,外边缘狭窄,略突出。固定颊极宽,活动颊小,无颊刺。胸部 14 节,中轴后部具有中瘤。尾小,中轴分 2～3 节,肋部仅 1 节较清楚。

图 1-2-2　*Pomatrum ventralis* Luo & Hu,1999(圆口虫)

圆口虫:为单种属,分布于云南澄江和昆明海口下寒武统帽天山页岩内。长 7～10cm,最长可达 20cm;身体由一短锥形的头区、膨大的胸和桨状腹三部分组成。胸区横断面为亚圆形。头部短小,长 3～4mm,直径为 2cm,后端以一收缩沟与胸区分界。胸呈长椭圆形,由 5 个体节组成,每节具 1 对鳃囊,背腹甲具鳍,胸区前端没有前突。腹部呈桨状,由 7 个互相叠套的骨片包裹。横断面由圆形向后逐渐变为扁圆形,最后一个体节较宽,为半圆形。消化道为螺旋状。

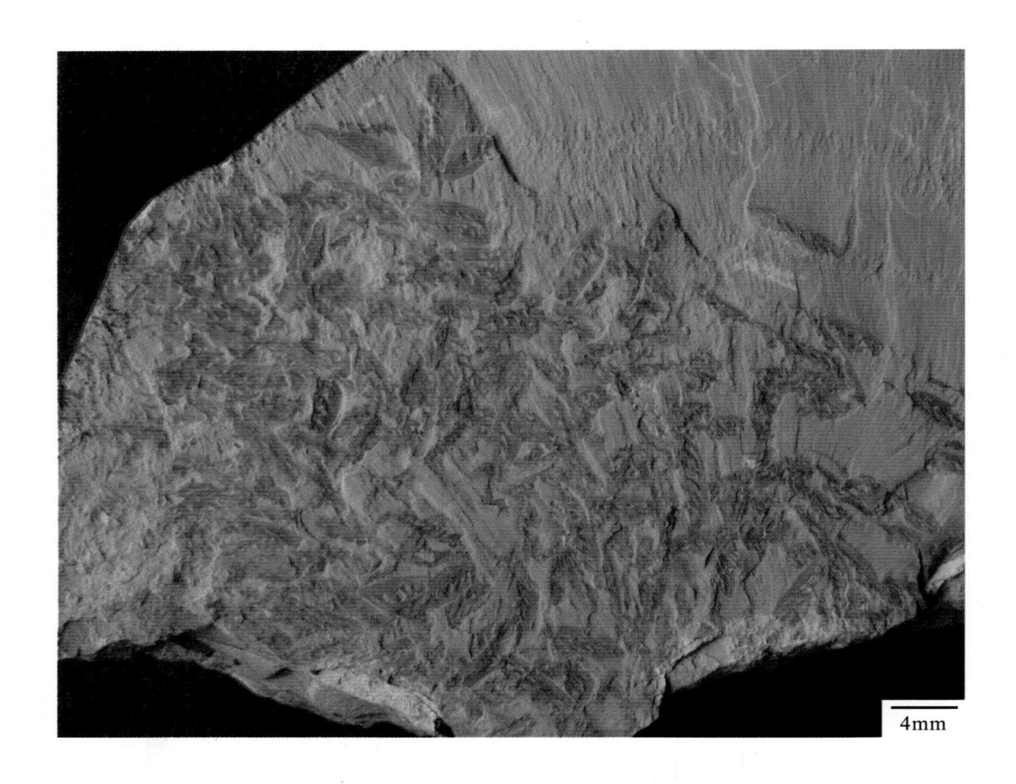

图 1-2-3 *Haikouella lanceolata* Chen，Huang & Li，1999(海口虫)

海口虫：主要分布于昆明海口一带下寒武统帽天山页岩内，营群居生活方式。虫体呈梭状，长 2.5～3cm，最长达到 4cm。前端具有很宽的腹部，常以背侧压或腹侧压方式保存。鳃腔之后的部分两侧扁平，大多为侧压方式保存。鳃腔由粗大的鄂动脉，包括舌弓和迷走弓在内的 6 对鳃弓组成。咽刺小，位于第三对鳃弓附近。生殖腺 4 对，排列紧密，分布在第六节和第七节前肠的两侧。原脊椎中间部分粗，两头细。身体由近直形的肌隔分为 25 个肌节。

图 1-2-4　*Cricocosmia Jinningensis* Hou & Sun，1988（环饰蠕虫）

环饰蠕虫：虫体细长，圆柱状，长可达 8cm，由内翻体和躯干所组成。内翻体短桶状，前边缘具 1～2 排呈横向排列的较大弯钩状刺，刺尖向后方弯曲，内翻体其余部分具纵排的小刺。消化道呈圆管状，前端具明显的咽。咽较长，由前后三部分所组成，中间为浅的收缩沟所分开。咽的近基部表面光滑，只有咽完全外展时才能看到，中部表面具不规则排列的小齿，远基部表面的咽齿呈斜向排列。躯干细长，圆柱状。表面具细密的横环，横环最多可达 120 个。每一环节具有 1 对鳞片状骨片，但躯干的前端例外，未发现骨片。这些骨片分布于躯干的两侧。末端具 1 对短的尾刺。

图 1-2-5、6 *Leanchoilia illecebrosa* Hou,1987(迷人临蜢尔虫)

迷人临蜢尔虫:虫体小(长 1～3cm),细长,分为头和躯干两部分,末端具浆状的尾板。头甲短,前端尖窄;具 2 对带柄的眼睛,位于头部的前腹缘。螯肢由柄和螯所组成。柄短棒状,由两节所组成;螯由 4 节短的螯肢所组成,每一螯肢长出细长鞭状的长须。头部具 3 对口后双肢型附肢。躯干由 11 个背甲所组成,每一背甲具 1 对双肢型的附肢。外肢为叶状,周边为刚毛所环绕;内肢约由 9 节肢节所组成。尾板浆状,周边为刚毛所环绕。营底游生活方式。分布于云南澄江、昆明西山和安宁等地下寒武统帽天山页岩中。

图 1-2-7　*Amplectobelua symbrachiata* Hou Bergstrom & Ahlberg,1995(双肢抱怪虫)

双肢抱怪虫: 其身体扁平,体型较宽,呈流线形,头的背前方具有1对带柄的巨眼;前附肢较小,固着在口器两侧的前边缘,前附肢第四肢节有1对长刺。躯干两侧具有11对桨状叶。桨状叶具脉络状构造,尾扇由3对互相重叠的片状构造所组成,并有1对细长的尾叉由尾扇背中部向后伸出;口器呈圆环形,由32个外唇板所组成,可能不具内齿。其与奇虾相似,但体型较宽,前附肢较小,前附肢第四肢节有1对长刺。

图 1-2-8　*Hyolitha*（软舌螺），*Heliomedusa orienta*（日射水母贝）

软舌螺：可能为软体动物绝灭了的一个分支，由一个角锥状壳，位于前端的口盖和一对前附肢所组成。壳边缘增生，呈两侧对称，扁平的一侧为腹部，腹部向前边缘突起。软舌螺在帽天山页岩内十分常见，营群居性生活。

日射水母贝：贝体呈圆状或卵状长约 2cm，宽约 1.6～2cm。活着时平卧在海底表面上。壳瓣双凸型；壳宽略大于壳长，长宽比大约 0.95，壳长一般为 5～22mm；壳后缘呈直线或略弯曲；壳背为全缘式生长，腹壳为混缘式；壳表有生长线与不明显的放射脊；壳体薄，矿化程度差，化石常有壳体软变形的现象；腹壳有壳喙，壳顶位于壳后边缘位置。没有肉茎孔，在此位置常见平坦或内凹状圆疤，显示壳体曾固著于硬底质生活；假铰合面低，高度小于 0.2cm；背壳壳顶位于壳中央偏后的位置；壳内肌痕明显，卵型的中央主肌痕大而突出，有一对前侧肌痕；软躯体保存良好的化石标本，在几乎整个壳瓣的边缘均有短而细密的刚毛。

图 1-2-9　*Lingulella chengjiangensis* Jin Hou & Wang，1993（澄江小舌形贝）

澄江小舌形贝：贝壳小，三角形。壳表面具密集分布的细的生长纹。胎壳呈圆形，腹壳假铰合面高，肉茎长一般为壳长的 2～3 倍，最长的可达 15 倍，表面具横皱纹。腹壳内有一呈盾形的肌痕区，顶肌痕呈心形，中央肌痕呈小三角形。

图 1-2-10　*Fuxianhuia protensa* Hou,1987(抚仙湖虫)

抚仙湖虫:主要分布于云南澄江、昆明海口和安宁一带的下寒武统帽天山页岩中。体长 10cm 以上。头部由视节和触须节所组成。视节具 1 对带短柄的眼睛,由两侧向外延伸。触须节具 1 对短棒状前附肢,由 15 个须节组成,由唇板前侧缘向前侧方延伸。躯干分为胸、腹和尾扇,以及 1 个尾刺。胸部由 17 个节所组成,背甲具宽的肋叶,肋叶的宽度向后逐渐变小。腹部由 14 个背甲和腹甲所组成。

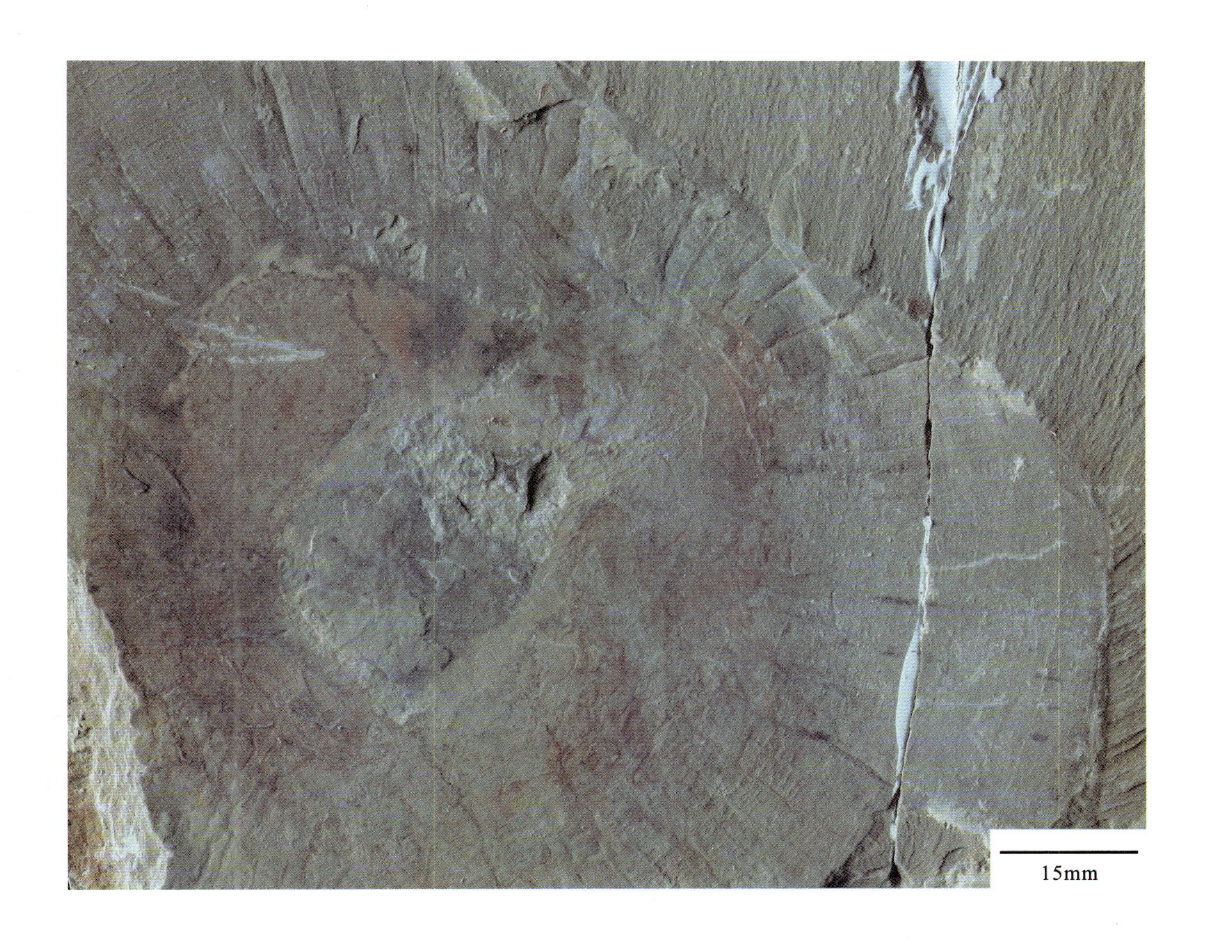

图 1-2-11　*Stellostomites eumorphus* Sun & Hou，1987（真形星口水母钵）

真形星口水母钵：钵体柔软，扁盘形，背壳为辐射管所支撑，向上微微拱起，辐射管共88根，由螺旋囊背部向外辐射到达钵体的周边。囊状体是钵体的主体部分，顺时针旋转；消化腔位于囊状体的背部；位于腹部的体腔被隔膜分为44个液腔，液腔沿钵体辐射方向延伸，分别到达钵体外周边和位于钵体中心的环管。囊状体内侧有一封闭性的中央腔，腔壁表面呈脊状褶皱，钵腔内具环肌，位于盘体半径附近，在辐射撑管的腹部和液腔的背部。腹表具辐射状排列肌管足状构造。触手冠构造为口终端的外延，具1对多分支的触手。营浮游和群居生活。主要分布于云南澄江和安宁一带下寒武统帽天山页岩中。

图 1-2-12 *Naraoia spinosa* Zhang & Hou,1985(刺状娜罗虫)

刺状娜罗虫:背甲长椭圆形,分为头甲和躯干甲两部分,头甲向后延伸披盖在躯干之上,形成很宽的重叠部,有利于弯卷。头甲半圆形,具 1 对后侧刺与 3 对小形的侧刺。触须由口板前侧部向侧前延伸。口后附肢为双肢型,有 19 对左右,其中头区 3 对,躯干部 14 对;外肢的外叶大,卵形,周边具刚毛。

第二章　关岭生物群

关岭生物群被称为“世界罕见化石库”，是继澄江生物群和辽西生物群之后，我国古生物调查研究中的又一重大发现。

第一节　关岭生物群发现的背景

约在1990年，一些贵州的奇石收藏者为了获得精美的海百合化石标本，他们来到贵州省关岭县新铺乡一带，进行大规模的海百合化石采集。随着采集规模的扩大，一个意想不到的大量脊椎生物群被发现了。到目前为止，已经发现了鱼龙类、鳍龙类、齿龙、海龙类等脊椎动物化石数百件。另外，还有大量精美的海百合化石、鱼类、菊石、瓣鳃、牙形刺和腕足动物化石，它们构成了贵州古生物王国的一颗明珠——关岭生物群。

第二节　关岭生物群的组成

目前已发现的化石表明，关岭生物群由鱼龙类、鳍龙类、齿龙、海龙类、菊石、海百合、鱼类、瓣鳃、牙形刺和腕足动物化石等组成。

一、鱼龙类

早在1699年，鱼龙化石就已被发现，只是由于当时的科学尚处于萌芽时期，对古生物方面的认知很少，恐龙也尚未被认识，因而当时还把鱼龙化石当成是鱼化石。直至1818年，鱼龙被正式命名时，才确定为不是鱼化石，是鱼龙化石，和现在的爬行动物同属一类，是陆生的爬行动物重返回水中生活。为什么要返回水中生活呢？对化石的鉴定显示，鱼龙不是从鱼类而是从陆生动物进化来的，而这些陆生动物本身又是古老鱼类的后裔。那么，鱼龙是怎样返回水中生活的呢？这一问题一直困扰着人们。鱼龙类的鳍状肢，腕骨与掌骨容易区分，骨骼紧密叠集，相互之间没有皮肤，形成稳定的板状构造。所有的趾被包在同一块软组织里，就像现在的鲸鱼、海豚、海豹和海龟一样，另外鱼龙类还有一对颞颥孔。

目前发现的关岭生物群中鱼龙化石有：黔鱼龙（*Qianichthyosaurus*）、混鱼龙（*Mixosaurus*）、贵州鱼龙（*Guizhouichthyosaurus*）、典型鱼龙（*Typicusichthyosaurus*）和关岭鱼龙（*Guanlingsaurus*）等。鱼龙化石之丰富，属国内外罕见。

二、海龙类

海龙类是关岭生物群中新发现的类群，它们具有很长的尾、颈、躯干，三者近等，吻长是头长的一半，吻端窄长。目前发现的化石有安顺龙（*Anshunsaurus*）、新铺龙（*Xinpusaurus*）。齿龙是鳍龙类中非常特殊的一个单系类群。齿龙类以海生介壳类为食。它们扁平的身体和强壮的四肢表明，它们与鱼类不同，不是快速游泳的动物，只能在浅海环境中用四足在水中划动以推动身体缓慢前行。外壳近椭圆形，具有外壳边缘，肋骨、肱骨、腭视头骨等，形态很像龟类。但它吻部钝圆，具有前上颌骨齿。齿龙类生活的时代仅限于三叠纪。以前报道的齿龙化石分布于西特提斯区，即现今的欧洲、北非和中东地区。新铺中国豆齿龙在贵州的发现确切地表明了这类动物在东特提斯区的存在，并与西特提斯区动物群密切相关。

三、鱼类

关岭生物群中的鱼类化石丰富，主要是东方肋鳞鱼（*Peltopleurus*）、中华真颚鱼（*Sinoeugnathus*）、亚洲鳞齿鱼（*Asialepidotus*）等。最近还发现了长达60～70cm的鱼类化石。

四、海百合

瓦窑组以产出完整海百合化石而闻名于世。海百合是典型的有柄棘皮动物，硬体分为冠、茎、根三部分，都是由许多小骨板组成，以根部固着在海底或其他生物体上。棘皮动物属于后口动物，不同于其他无脊椎动物（原口动物），在后口的形成上与脊索动物一致。因此，一般认为棘皮动物是无脊椎动物中的高等类型。

早在20世纪40年代，著名古生物学家穆恩之教授就对贵州关岭海百合进行了研究。但是近几年在新铺一带发现的精美海百合化石群，数量之多，保存之完美世之罕见。它已成为我国主要的古生物化石宝库。它们常呈群体出现，酷似“海底森林”。虽然化石丰富，但属种单调，目前只发现一个属，即创孔海百合（*Traumatocrinus*）。计有：*Traumatocrinus hsui* Mu（许氏创孔海百合），*T. kueichouensis* Mu（贵州创孔海百合），*T. uniformis* Mu（均一创孔海百合），*T. guanlingensis*（关岭创孔海百合）。上述化石一般个体较大，冠长10～30cm；茎长一般数十厘米，最大者可达150cm，茎径一般1cm左右，个别为2.5cm；根不太发育且多保存不佳。其形态特征表明，它主要营浮游生活于古海域中。

五、牙形石

牙形石作为该动物群中最为重要的微体化石保存于瓦窑组石灰岩中，更富集在菊石的壳体上，成为确定该动物群时代和地层划分对比的重要依据。据杨守仁等研究（1995，1999），在新铺乡黄土塘一带瓦窑组下部的牙形石非常丰富，以似舟牙形石属（*Paragondolella* sp.）为主。生物地层相当于 *Paragondolella polygnathiformis* 带。主要包括：

Paragondolella polygnathiformis（多萼似舟牙形刺），*P. foliata*（叶状似舟牙形刺叶状亚种），*P. foliata inclinata*（叶状似舟牙形刺倾斜亚种），*P. navicala navicula*（小船似舟牙形刺小船亚种），*P. navicula*（小船似舟牙形刺），以及 *P. foliata inclinata* 与 *P. polygnothiformis* 之间的过渡种类等。

以上牙形石化石带中以 *P. polygnathiformis* 占绝对优势，可与 1987 年 Haq 等划分的同名带下部对比，其时代属晚三叠世卡尼期早中期。

六、菊石

在瓦窑组，特别是其底部的泥灰岩和泥质灰岩中产有十分丰富的菊石化石，它们不仅数量很多，而且个体完整，常密集地分布在岩石的层面上，形成菊石富集层。以粗菊石科为主，包括前粗菊石属和粗菊石属的若干种。据杨守仁等研究（1995，1999），主要分子有：*Protrachyceras deprati*（载布拉氏前粗菊石），*P. yongningense*（永宁前粗菊石），*P. douvillei*（豆维尔氏前粗菊石），*P.* sp.（前粗菊石未定种）；*Trachyceras multituberculatum*（多结粗菊石）等。相当于 *Protrachyceras deprati* 带（玉钰等创名，1959），时代为晚三叠世卡尼期早期。

七、双壳类

关岭生物群的双壳类化石也相当丰富，主要由属于海浪蛤科的海燕蛤属，以及部分鱼鳞蛤属的分子组成。其数量较多，但属种单调，常常富集在岩石的层面上，系薄壳型双壳类。常见分子有：*Halobia rugosoides*（类皱海燕蛤）、*H. subcomata*（近细线海燕蛤）、*H. brachyotis*（短齿海燕蛤）、*H.* sp.（海燕蛤未定种）、*Daonella bifurcata*.（叉饰鱼鳞蛤）、*D.* sp.（鱼鳞蛤未定种）。大致相当于 *Halobia kui* - *Daonella bifurcata* 组合带，其时代为晚三叠世卡尼期早中期。

八、腕足类

关岭生物群的腕足类化石也比较丰富，主要由康宁克贝类的属种组成。其个体一般不太大，壳饰比较简单。常见者有：*Koninckina guizhouensis*（贵州康宁克贝）、*K. zhengfengensis*（贞丰康宁克贝）、*K.* sp.（康宁克贝未定种）。

该类化石主要见于阿尔卑斯，我国青海、川西北及滇西等地也有分布，时代为晚三叠世卡尼期早期。

此外，在关岭生物群中还有个体较大、保存完好的鱼类化石，以及有孔虫等化石，但目前对其研究程度还很浅，有待今后加强，以不断丰富和完善该动物群的内容。

综上可知，关岭古动物化石群是晚三叠世卡尼期早期海相深水环境中多门类海洋动物生命活动的真实记录，是非常珍贵的、不可再生的自然遗产（地质遗迹），是研究该地史时期生物多样性和地球发展演化的重要材料，颇值得进行深入研究。

第三节　关岭生物群与环境的关系

关岭生物群生活在离岸不远的海湾。将贵州、云南、广西交界处，关岭生物群生活时期的晚三叠世早期地层中的海相和陆相地层出露区标示出来，并在二者的1/2处连成线，我们会明显看出：关岭生物群产地处于凹向北西的陆缘海湾。该区没有大型构造形迹破坏地层，因此，其相对位置可以认为没有太大变化，即现在的海陆相地层的相对分布基本上反映了当时海陆环境的分布。产关岭生物化石群的瓦窑组底部，由薄层灰岩和钙质页岩组成，这些岩石中，普遍含有陆源碎屑（砂、泥质），说明其生活的海洋环境离陆地不远。在产关岭生物化石群的岩层中，有比较多的圆形、椭圆形、长柱状碳酸盐岩结核（当地居民俗称“石胆），其直径一般为数十厘米，大者有1余米，这些结核中往往有1～3条植物茎干化石。在钙质页岩中，偶见植物叶片化石，这些植物是生长在陆地上的植物类群，它们是死亡后被冲入海中漂移在该地沉积下来的。这也说明关岭生物群生活环境与关岭生物化石的岩层毫米级水平纹层发育有关，是沉积水体相对安静、水动能不强的直接证据。大量海生爬行类、鱼类等脊椎动物的骨骼化石保存得相当完美，甚至长达5～6m的鱼龙骨骼均被完整的原地保存下来，说明当时海底是比较平静，没有强水流冲击作用，否则，这些化石会被水流冲散。当然，突然的埋藏也可以使生物遗体骨骼比较完整地保存下来。但包含有化石的岩层水平层相当发育，是悬浮沉积标志，目前还未发现明显的沉积速率高的标志。

第四节　关岭生物群的科学意义

关岭生物群是中华民族文化宝库。它对研究古特提斯海生物群的分布、演化，及对三叠纪—侏罗纪的海洋统治者——鱼龙的演化具有重要的科学价值。关岭生物群的科学意义和社会意义可概括为以下几方面。

（1）大量发现的贵州鱼龙化石，可以与瑞士 Monte SanGiorgio 地区中三叠世海生爬行动物群对比，以了解当时古特提斯海生物群的面貌、分布。据此可进行三叠纪地层划分和对比。

（2）最小的鱼龙比人的手臂还短，最大者的长度超过公共汽车，是水中生活的最大动物群落，是三叠纪—侏罗纪的海洋统治者，它的科学价值可以与陆地上同期生活的恐龙媲美。例如，它们的眼睛是所有现存或绝灭的动物中最大的！它们有巩膜环，使它能在任何深度水体中游泳。鱼龙化石为研究当时大型海生爬行动物生态提供了重要素材。

（3）贵州三叠纪中有丰富的海生爬行动物化石，从中三叠世邓氏三桥龙、茅台混鱼龙、宋氏清镇龙等，到晚三叠世早期的贵州龙，接着是关岭海生爬行生物群。若进一步工作，很有可能发现更多的海生爬行动物化石。它们构成的三叠纪海生动物系列是世界罕见的。据此我们可以了解距今2.15—2.4亿年期间海生爬行动物的演化。

(4)关岭生物群是开展群落生态和化石埋葬学研究的宝库。对中晚三叠世地层层序的初步分析表明,含化石层位的瓦窑组下段应归属于晚三叠世早期海侵所形成的凝缩沉积。初步的生态分析表明,这个以海生爬行动物为代表的关岭生物群,不仅含有大量保存精美的爬行动物和可称之为"海百合森林"的化石,还有与其共生或在相近层位中各种各样的营游泳和底栖生活的鱼类、双壳类、菊石、腕足类、有孔虫和牙形石等。这些不同门类的生物共同生活在一起,组成了一个极为奥妙的生态系统,以求得共同发展和繁荣。而死后"偕老同穴",共同完好地保存在一起,从而为有关群落生态及化石埋藏学提供了进行创新研究的课题。

(5)关岭生物群是研究生物多样性事件及其与地球表生系统演化关系的极好素材。二叠纪和三叠纪之交处于地史的重大转折时期,在这界线以前的二叠纪末发生了古生代以来地球上最大的生物集群灭绝事件,几乎没有一个生物门类未遭到灭绝的威胁。因此,三叠纪是中生代地球表生生态系统重新恢复和建立的重要时期,也是中生代生物复苏到大爆发的重要阶段。关岭生物群各门类化石保存之精美、生命形式之多样为世界所罕见,为此,在对关岭生物群进行详细研究的基础上,结合对三叠纪生态地层、层序地层、化学地层和古海洋环境的综合研究,将为研究三叠纪生物多样性事件及其与地球重大转折时期地球表层生态系统演化的关系提供极好的素材。

(6)关岭生物群为确定含化石层位的时代和建立界线层型剖面提供依据。关于关岭生物群中海生爬行动物的时代以及含化石地层能否与卡尼阶对比,依据尚不充分;其次,关于该地卡尼阶与拉丁阶的界线划分与对比也存在不少问题。而这些问题的解决仅依靠研究海生爬行动物和海百合等化石是不够的。必须对其共生的其他无脊椎动物化石,包括双壳类、菊石、牙形石、有孔虫等进行综合研究,同时结合同位素年龄的测定方可准确确定这些含化石层位的时代。鉴于国际上关于中、上三叠统(即卡尼阶与拉丁阶界线)的界线层型尚未建立,因此,开展该项调查研究,还可以提高上述年代地层单位界线的研究水平,进而为关岭地区中、上三叠统界线竞争成为国际有关年代地层单位界线层型创造条件。

(7)维护国家声誉,培养新的经济增长点。鉴于极为珍贵的关岭生物群正在遭受毁灭性的采集和破坏,还有不少标本已经和正在流失于国外,如不尽快通过调查和研究,提出合理的保护和开发建议,并提交世界一流的科学成果,非但不能充分体现我国几代地质学家在利用本国的宝贵资源为世界地学发展所作出的巨大贡献,而且很有可能会导致这些地学瑰宝被扼杀在摇篮之中。如此丰富、得天独厚的关岭生物群,只要通过系统采集和研究,进而再造当时古生态、古海洋环境,就将为建立"中生代海洋生物馆",进而建立"关岭地质公园"提供极好的素材。由于化石产地新铺乡距离黄果树瀑布只有40km,可以借此发挥黄果树瀑布风景区的辐射带动作用,开辟新的旅游区,培养新的经济增长点,为西部大开发和富民兴黔作出贡献。

第五节　关岭生物群陈列标本

（除来自于馆藏外，部分来自于中国地质大学（武汉）博物馆）

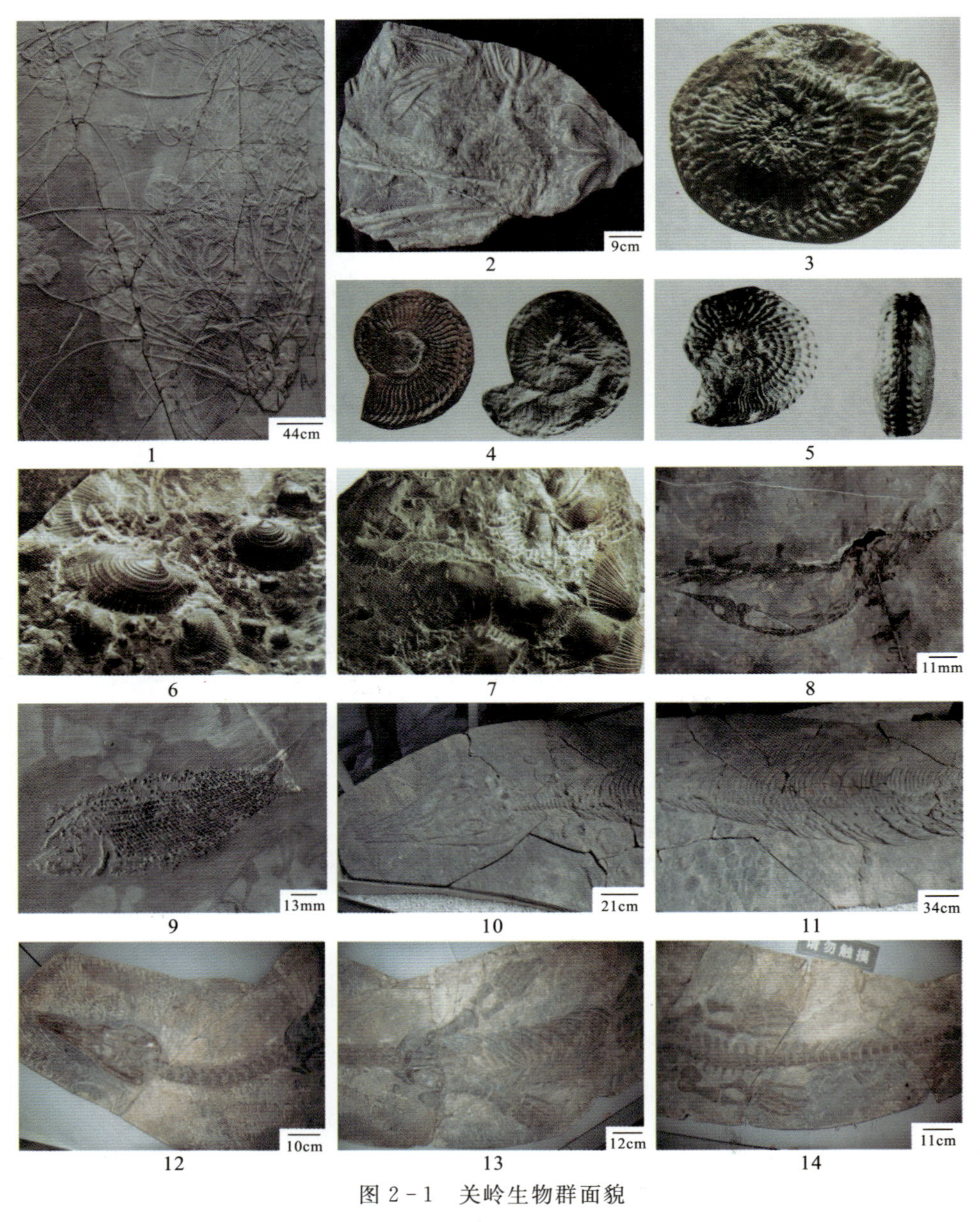

图 2－1　关岭生物群面貌

1. *Traumatocrinus* sp.（创口海百合）；2. 花瓣海百合；3. *Trachyceras multituberculatum*（多瘤粗菊石）；4. *Protrachyceras costulatum*（Mansuy）（肋前粗菊石）；5. *Trachyceras aon*（Munster）（阿翁粗菊石）；6. *Halobia*（海燕蛤）；7. 双壳类化石；8. *Saurichthys* sp.（龙鱼）；9. *Small fish* cf. *petlopleurids*（肋鳞鱼类近似种）；10、11. *Guanlingsaurus Liangae*（梁氏关岭鱼龙）；12、13、14. *Anshunsaurus huangguoshuensis*（黄果树安顺龙）

图 2-1-1　*Traumatocrinus* sp.（创口海百合）

创口海百合：200 多年以来，古生物学家一直认为此类海百合是营浅海底栖的生活方式。但经武汉地质调查中心地质学家的研究，创口海百合是通过根部所发育的须状根附着在漂浮树木上生活的，从而证明创口海百合并不是固着生长的，是一种营假浮游生活方式的海百合。

图 2-1-2　花瓣海百合

花瓣海百合：腕扇长 13.5～17mm，宽 16.8～20mm，分散角约 90°～110°。腹面凸出，背面微凹，光滑。腕扇中部厚约 4.8mm，腹沟分支 3 次，沟深，沟旁刻痕清晰，脊顶平，或微凹，脊的始部比沟略宽，但末端则比沟稍窄。腕的末端有 22 条腹沟，左右对称排列。正模标本盖板非常清楚，两行六边形盖板，顺沿腹沟排列，非常整齐规则。盖板薄，两行盖板的中间缝合线处稍微凸起，向两侧倾斜。沟底与轴沟之间的"隔板"较厚，平整。此种"隔板"过去曾被称为"内盖板"。

图 2-1-3　*Trachyceras multituberculatum* Hsu,1940(多瘤粗菊石)

多瘤粗菊石:壳体大,外卷,呈厚盘状。腹部呈宽的穹圆形,具显著的腹中棱。旋环横断面略呈倒梯形。侧部向脐部倾斜,至外旋环前部有变平趋势。脐部宽而深,脐缘不明显。外旋环后部和中部的腹侧缘上,具有粗大高突的纵瘤。侧面上横肋粗短,至外旋环前部,纵瘤变弱成为瘤,侧面上横肋亦变弱。缝合线的第一侧叶相当宽,第一侧鞍宽而深,鞍顶平缓,第二侧鞍较高,外上部向脐方歪斜。

图 2－1－4 *Protrachyceras costulatum*（Mansuy），1912（肋前粗菊石）

肋前粗菊石：头足纲菊石亚纲的一属。壳近内卷呈厚饼状或扁饼状。腹部窄圆，腹中沟明显，两旁的腹棱上有两排瘤。侧面饰有微弯的肋纹，肋上有若干排成旋转状的瘤。具亚菊石型缝合线，每边有两个分齿不长的侧叶。

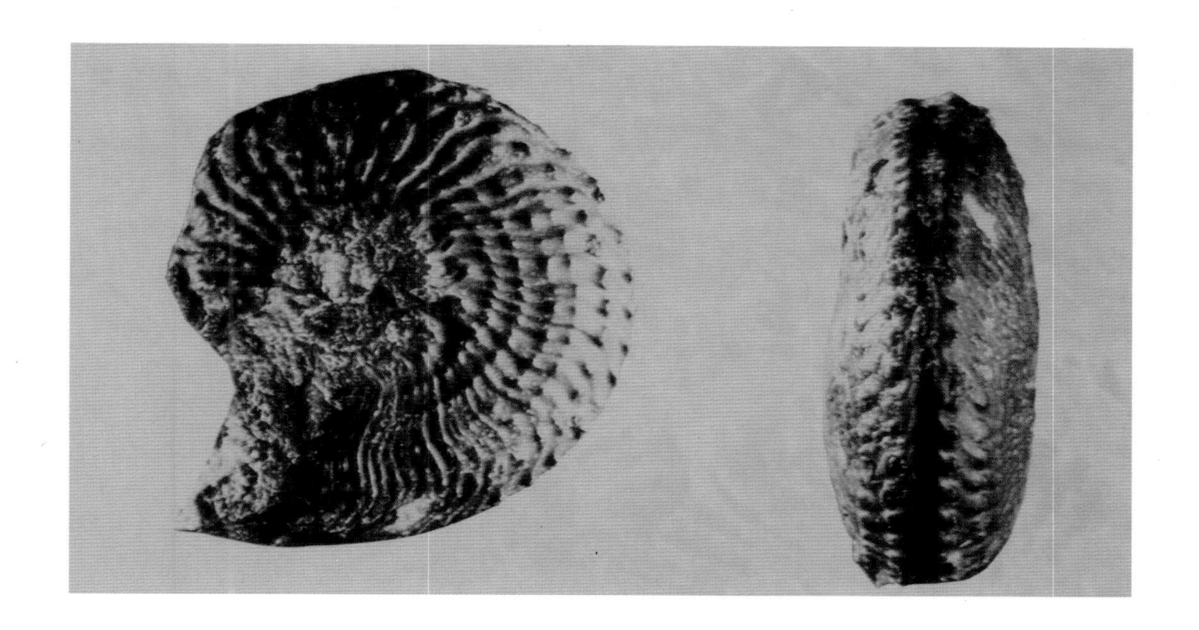

图 2-1-5　*Trachyceras aon*(Munster)，1834(阿翁粗菊石)

阿翁粗菊石:壳体半内卷,呈盘状。腹部较窄;旋环高,断面略呈半椭圆形;具腹中沟,两侧各具两排瘤。侧面稍凸,饰有弯曲的横肋,横肋大多数在侧面内围分叉,横肋上具 8 排瘤。脐部较小,脐缘上具 1 排瘤。缝合线未见。

图 2-1-6　*Halobia*(海燕蛤)

海燕蛤:壳中等大小,铰边长直。壳顶略膨隆,位近中略靠前。前耳宽大,与壳体之间有1条深沟分隔。壳面放射线细密,一次分叉,分叉合成对地延至腹边,呈不规则波曲。后三角区狭。同心圈发育在壳顶区附近。

图 2-1-7　双壳类化石

双壳类化石：关岭生物群中的双壳类化石数量十分丰富，但属种单调。经研究主要是海浪科的海燕蛤属和斜蛤等。这类双壳动物的壳体薄，与足丝有关的足丝凹口、耳等结构发育。它们活着的时候不用在海底泥沙表面上爬行移动，也不像其他穴居动物那样深埋海底沉积物中，而是以足丝附着在珊瑚、苔藓、藻类或其他漂浮的物体上随波漂流，营假浮游生活，并以水中苔藓、藻类或一些菌类微生物为食。

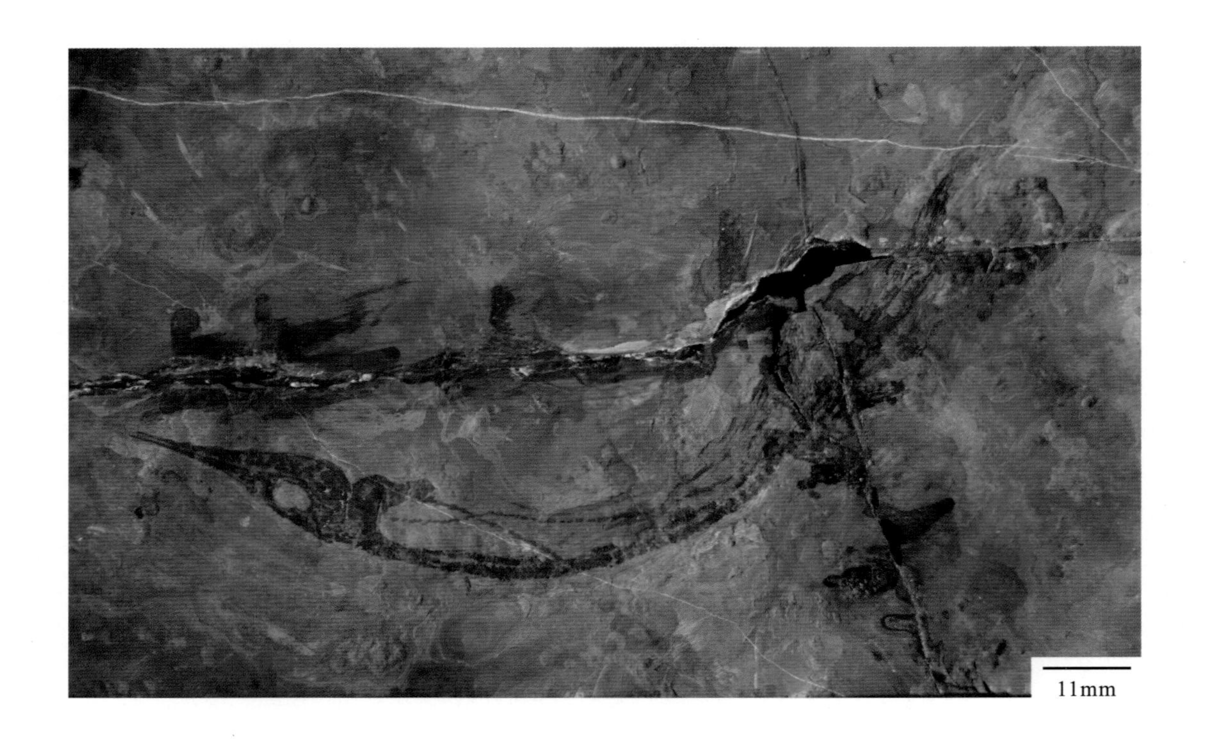

图 2-1-8　*Saurichthys* sp.（龙鱼）

龙鱼：是辐鳍鱼类的基干类群；个体中等，长度 10～50cm 不等。头部长度超过全长的 1/3。吻部强壮，向前呈尖状。鳃盖骨呈长椭圆形。前鳃盖骨略呈横四边形，后缘高度约为鳃盖骨高度的 1/2。上颌骨形状类似古鳕类的菜刀型，眶前部极低，眶后部高。前颌骨和齿骨均分布有牙齿。牙齿呈尖锥状，高低相间。颌骨骨片表面具有密集均匀分布的条纹状纹饰。鱼体全身仅分布有 6 列纵向鳞片，包括背、腹鳍各一列，侧线鳞列和背侧鳞列各两列。侧线感觉管从侧线鳞中部通过。胸鳍紧靠头后部生长，腹鳍位置靠后。背鳍、臀鳍位置相当，均位于距尾端 1/4 全长的位置，背鳍稍小于臀鳍。尾鳍原始正型，为典型的龙鱼类型。

图 2－1－9　*Small fish* cf. *petlopleurids*(肋鳞鱼类近似种)

鳞齿鱼:体呈纺锤形,中等侧扁。鳃盖骨很发育,前鳃盖骨窄,弧形,鳃盖骨数少,后齿粗壮,各鳍的棘很发达,鳞片较厚且大,表面光滑或具有纹饰,呈覆瓦状排列。

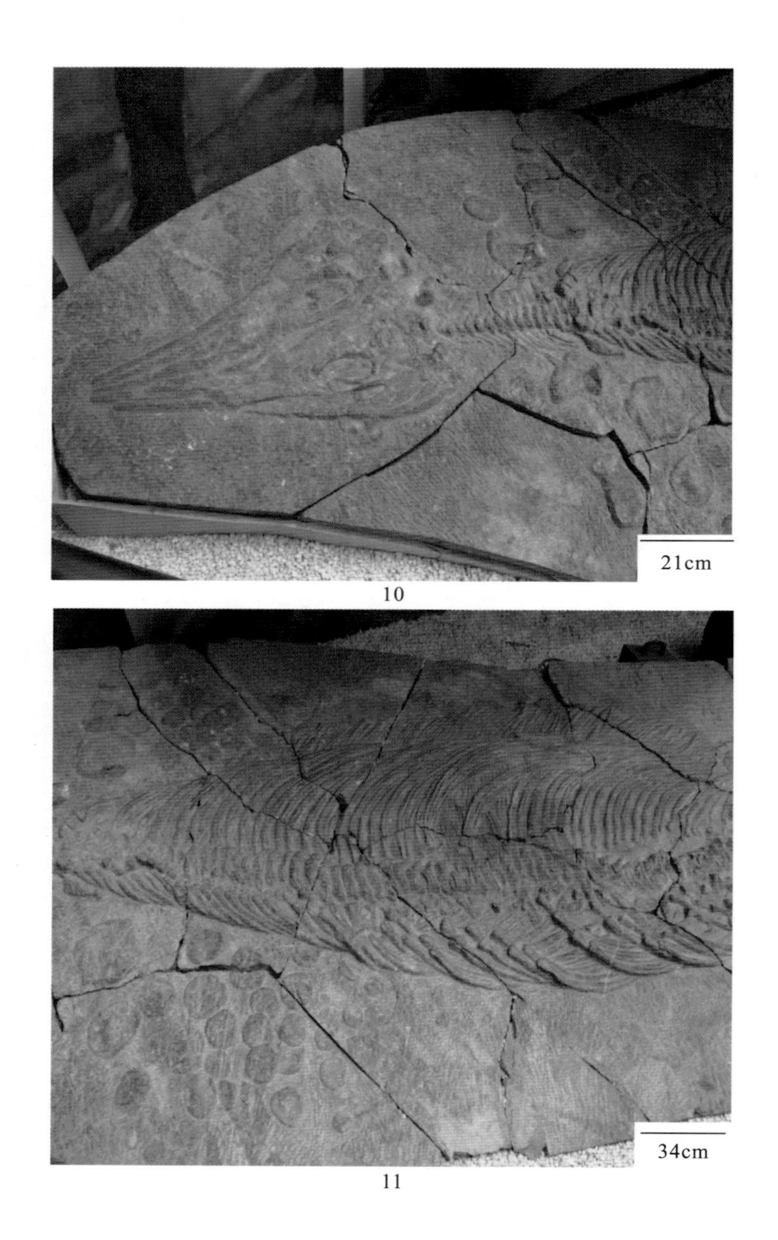

图 2-1-10、11 *Guanlingsaurus Liangae* Yin，2000（梁氏关岭鱼龙）

梁氏关岭鱼龙：隶属爬行纲双孔亚纲鱼龙类关岭鱼龙科，是一具大型鱼龙化石，体长 8 m 多，鱼雷型，头骨背视近三角形，长略大于宽，颈短，尾长，四肢呈浆状，是一类已能很好适应海洋游泳生活的鱼龙。生活于晚三叠世早期（距今 2.28 亿—2.16 亿年前），化石产于我国贵州关岭。

图 2-1-12、13、14　*Anshunsaurus huangguoshuensis* Liu，1999（黄果树安顺龙）

黄果树安顺龙：隶属爬行纲双孔亚纲海龙目，体态修长，约 5 m，颈长为体长之半，头骨吻部细长；枕深凹，外鼻孔长，靠近眼眶；上颚孔眼睛眶稍小；松果孔大，位置靠后，前额骨与额骨相连，隔开左右鼻骨；额骨愈合；顶骨平台宽，在中线不形成脊，左右鳞骨不在颚孔后接触，不甚尖锐，弯曲，有纵向条纹；大约 18 节颈椎，超过 20 节脊椎。生活于距今 2.28亿—1.99 亿年前的晚三叠世（T_3），产于我国贵州关岭。

第三章　热河生物群

热河生物群生活在距今1.2亿年白垩纪早期的地质历史时期，以中国的辽宁西部（以下简称辽西）地区为代表的中国北方、蒙古、西伯利亚以及朝鲜和日本等国部分地区，生活着一个充满了朝气、承前启后的古老的生物群，通常被称为热河生物群，也称为辽西生物群。我国辽西地区成为迄今为止世界上独一无二的古生物化石宝库。作为世界上门类最齐全的古生物化石群，辽西化石群堪称迄今世界第一大化石群。

第一节　热河生物群的研究概况

20世纪20年代初期，在我国的热河地区进行地质工作的还主要是外国人。1923年，美国地质学家葛利普先生首先提出了“热河系”的概念，专指凌源地区含化石的地层。1938年，他又提出了“热河动物群”的概念，代表这样一套地层中的动物化石组合。直到1962年，我国地质学家才开始对这一地区的地层古生物进行研究，并有了实质性的贡献。我国著名的古生物学专家顾知微院士在无脊椎动物与生物地层研究的基础上，首先提出了“热河生物群”，并认为它的代表性生物包括东方叶肢介、三尾拟蜉蝣和狼鳍鱼3种。热河生物群的研究从那时开始就一直没有中断过。我国广大的地质工作者几十年默默无闻、扎实的基础地质工作，为热河生物群研究立下了汗马功劳。正因为有了这个巨人的肩膀，我国新一代的地质和古生物工作者从20世纪90年代以来，在辽宁西部陆续发现了20余个门类，数以千计的精美古生物化石。这些化石分布之广、数量之大、种类之多、保存之好、信息之全轰动了世界。热河生物群（属于距今1.25－1.2亿年的中生代白垩纪早期的陆生生物）与云南澄江生物群（距今5.2亿年的早古生代寒武纪早期的海洋生物），成为我国一北一南两个百年不遇的世界级化石宝库。

第二节　热河生物群的组成

热河生物群可以分为热河动物群和热河植物群两部分。很长一段时期内，我们对植物的了解不多，所以主要的研究实际上是针对热河动物群的。经过最近十几年的发现和研究，热河生物群的面貌已经今非昔比，即使代表性的化石也远远不是当年的“东方叶肢介—三尾拟蜉蝣—狼鳍鱼”3个代表分子所能简单概括的。热河动物群至少包括了腹足类、双壳类、叶肢介、介形虫、蛛形类、昆虫、鱼类、两栖类、龟鳖类、离龙类、有鳞类、翼龙、恐龙、鸟类和哺乳动物等主要门类。其中，每一个门类又都包括了许多次一级的分类单元。限于篇幅，在此我们无法一一列举说明，仅选择一些最近的重要发现加以介绍，但是读者还需切记，这只是冰山一角，不能以偏概全。

热河生物群的昆虫化石种类繁多。有趣的是，采花的昆虫已经大量出现，一幅最古老的“花—鸟—鱼—虫”画惊现了古老亚洲的这片宝地。热河生物群曾经以狼鳍鱼最为著名。直到今天，人们对它的研究也还在进行中。但现在的热河生物群还包括了几种其他鱼类，例如中华弓鳍鱼、燕鲟和北票鲟，三者都是比狼鳍鱼还要原始的古老鱼类。最值得一提的鱼类是原白鲟，它和燕鲟、北票鲟一样，都是古老的鲟形鱼类，但是原白鲟和当今长江里的白鲟关系十分密切。虽然其个头较小(不足1m)，但可与白鲟归于同一科。早白垩世的辽西地区，水中游弋的不仅有鱼类，还有许多爬行动物，例如，满洲鳄、潜龙和伊克昭龙等。这些化石大小差异很大，小的不足1cm，大的可达数米。由于生活在水中，保存化石的机会多，因此化石的数量也常常数以百计，十分惊人。

两栖动物虽然在地质历史上出现得很早，但是原始的青蛙化石并不多见。然而，在热河生物群，青蛙的化石却保存得很好。例如，一种被命名为三燕丽蟾的化石，不仅姿态栩栩如生，而且研究意义也比较大。除此之外，还有不少的蝾螈化石和原始的古蛙，它们一起组成了一个色彩斑斓的两栖动物世界。

爬行动物的世界最丰富多彩，除了上述的水生爬行类(离龙类)，还有龟鳖类、蜥蜴、翼龙和恐龙。其中，又以翼龙和恐龙最为重要。已发现的翼龙都是属于短尾巴的翼手龙类，它们是鸟类在空中的有力竞争者。在蝙蝠和人类(及其创造的飞行器)还没有出现的远古时代，它们与鸟类一起，组成了白垩纪天空的强者之师。恐龙的公园是美丽的。因为这里是世界上唯一一个奔跑、跳跃着许多身披羽毛的恐龙的地方。一个个属于不同恐龙家族的小型个体恐龙，它们除了分布全身的羽毛外，头上还长着和鸟类一样的冠。因为有了羽毛，它们不小心会被误认为是鸟类。“中华龙鸟”、“原始祖鸟”其实都是恐龙。当然，其他的恐龙，如北票龙、中国鸟龙、小盗龙、尾羽龙等都是长羽毛恐龙家族的成员。但不是所有的恐龙都是有羽毛的。例如，锦州龙是一种禽龙，作为热河生物群已知最大的恐龙，可能就没有羽毛。还可以说出其他一些恐龙的名字：鹦鹉嘴龙、热河龙、辽宁角龙、中国猎龙等。古老的辽西大地，多年前的“红山文化”，因出土玉猪龙而闻名于世；据考证，玉猪龙是中华民族龙的形象最早的艺术表现。可是，又有谁能想到，早在一亿多年前，这里早已经就是地地道道的“龙”的故乡。

和恐龙相比，早白垩世的鸟园丝毫也不逊色。它们是世界上拥有鸟类数量和种类最多的古鸟园。在这里，有最早具有角质喙的鸟类——孔子鸟，有中生代最小的鸟类——辽西鸟，有尾羽既像鳞片也像羽毛的原羽鸟，有当时最大的鸟类——会鸟，有特征十分现代化的义县鸟，还有长尾的热河鸟。除此之外，还能说出许多鸟类的名字：中国鸟、华夏鸟、波罗赤鸟、始反鸟、长城鸟、朝阳鸟、燕鸟、长翼鸟等。美丽的鸟类和恐龙争奇斗妍，从地面竞争到了树上，组成一幅独特、壮观的“龙—鸟”争妍图。

哺乳动物在中生代并不显眼，它们个头都很小。但在辽西，却拥有中生代最大的哺乳动物——爬兽。已经发现的哺乳动物都堪称精品，无论张和兽、中国俊兽，还是热河兽，都是不同门类原始哺乳动物的重要代表。最新的发现是始祖兽，这是已知最古老的真兽类哺乳动物(有胎盘类)，它也是热河动物群发现的第一个真兽类哺乳动物。值得一提的是，不少哺乳动物还保存了很好的毛发。如此精细的保存，以及完整的骨架，实属罕见。

热河植物群和热河动物群相比，研究起步较晚，但是最近几年还是取得了许多可喜的进展。已经发现的植物有苔藓、蕨类、银杏、苏铁、松柏类和开花的植物。其中，银杏、苏铁、松柏类尤其丰富。被子植物也正是从这一时期才开始出现的。著名的种类有辽宁古果、中华古果。伴随原始花儿的盛开，无论是白垩纪的恐龙公园还是鸟园，又同时成了美丽的花园。

第三节　热河生物群与环境的关系

辽西为什么会蕴藏着如此丰富而精美的古生物化石？首先当时特殊的地理环境。据科学家考证，中生代侏罗纪—白垩纪早期(距今1.75—1.2亿年)，当世界大多数地方还是海水茫茫的时候，亚洲东部区域已抬升为陆地。那时，辽西一带淡水湖泊星罗棋布，气候也相当湿润。各种苏铁类、银杏类、松柏类的裸子植物高大茂盛，高等的开花被子植物也开始出现。湖泊之中，1m左右的鲟鱼、弓鳍鱼等穿梭嬉戏；湖畔沼泽中，螈、蟾、龟、鳄等两栖类、爬行类四处游走；翼龙、恐龙及原始鸟类迅速进化；五尖张和兽、金氏热河兽等原始哺乳类动物正在大量繁衍。可以想象，白垩纪早期的生态景象已相当丰富多样，是中生代动植物生长进化的一片乐土。但是在这个时期，地壳运动加剧，美丽湖泊的背后、宁静的山坡下是一个个潜伏多时、伺机发作的火山。中生代生物的繁荣，顷刻间便在火山的火光中化为记忆。大量的生物因窒息或者中毒死亡，沉入湖底，在大量火山灰的埋葬下，与外界隔绝，得以完好地保存。在辽西化石的产地，如北票的四合屯或朝阳的上河首的地质剖面上，不难发现一层层火山灰中的义县鸟化石中的长翼鸟化石沉积。它们记载了一次又一次频繁的火山喷发过程。对于地质学家来说，这只是正常的地质现象，然而这又何尝不是一次次惊天动地的葬礼。在“凤凰涅槃”中，旧的生物消失了，新的生命又蓬勃兴起。在辽西另外一些化石地点，火山导致生物突然死亡的证据更加令人震惊。火山活动形成的火山灰流形成了巨厚的沉积，顷刻间将沿途遇到的生物吞噬。这些生物化石一般只有骨骼保存，没有其他部分的保存。许多情况下，多个恐龙个体无规则地聚集在一起，看得出它们是被活生生集体埋葬的。公元79年维苏威火山爆发，导致了庞贝城的悲剧。而早在

1.2亿年前的火山喷发，则导演了辽西中生代生物一幕幕的悲惨故事。亿万年过去了，它们变成了岩层中精美的古生物化石，呈现在人们眼前。

第四节　热河生物群的研究进展

一、早期鸟类辐射的新证据

热河生物群是早白垩世分布在东亚地区的一个著名的土著性生物群。以热河生物群为特征的热河群的陆相地层，在我国的辽西地区发育并出露最好。热河生物群的研究虽然历时较长，但真正在国际上引起强烈影响仅有近10年的时间。无疑，这一切离不开一系列早期鸟类（如华夏鸟、孔子鸟和原羽鸟），带毛的恐龙（如中华龙鸟、尾羽龙和中国鸟龙），早期的哺乳动物（如张和兽与热河兽），被子植物（如辽宁古果）以及其他许多重要生物门类化石的发现和研究。

（一）尾羽龙化石

尽管在义县组发现的孔子鸟、辽宁鸟、辽西鸟和始反鸟已足以代表自始祖鸟之后鸟类的第一次大的辐射，然而，在河北丰宁义县组发现的原羽鸟化石还是再次给古鸟类学家带来了惊喜。这不仅是已知最原始的反鸟亚纲（中生代最重要的鸟类类群）的鸟类化石，而且还保存了代表进步飞行特征的小翼羽，更加有趣的是，它的翼爪还相当发育，在已知的鸟类中，仅比始祖鸟和孔子鸟退化。这一发现表明，进步飞行结构的出现不仅比我们想象的要早，而且往往伴随许多十分原始的祖先性状。原羽鸟所保留的最重要的特征是一对十分独特的尾羽。这种原始的羽毛仅在后端才出现羽毛特有的羽枝，而没有分出羽枝的前端，酷似一根加长的鳞片。这种前所未知的羽毛类型可能正代表了鳞片向羽毛演变中的一个过渡类型。

（二）长翼鸟化石

产自辽宁朝阳九佛堂组的另一件新的反鸟化石——长翼鸟，显然比义县组的反鸟要进步。长翼鸟脚的特征显示，这是一类树栖能力很强的鸟类。

它的后肢短小，但前肢却十分发达，显示了强大的飞行能力。由于其嘴巴较长，牙齿锐利，因此推测这可能是一种以鱼类等水生动物为主要食物，生活在水边树上的鸟类。长翼鸟的生活习性同以往发现的其他反鸟都不相同，很显然代表了一种新的生态适应类型。

今鸟亚纲的鸟类化石过去发现较少。最近文献发表的燕鸟和义县鸟是早白垩世已知最完整的今鸟化石，从而大大弥补了这一支早期鸟类演化知识的不足。它们的飞行结构都和现代鸟类几乎一样，类起源于恐龙的假说和飞行的树栖假说进行了合理的结合。带毛恐龙研究的另一项重要进展是对原始的驰龙类中国鸟龙皮肤衍生物的进一步研究，得出了一些重要结论：第一，中国鸟龙的皮肤衍生物不是单独存在的毛状物，而是由多个毛状物组成的复合结构；第二，这些皮肤衍生物代表了两种类型的鸟类羽毛特有的分叉结构，一种是多个毛状物在基部联合，组成一簇或一束，另一种是多个毛状物沿着一根中轴排列成一个序列。在对中国鸟龙原始羽毛研究的基础上提出了鸟类羽毛演化的4个阶段：第一阶段，羽毛还没有形成分叉构造，中华龙鸟的毛状物大体对应于这一阶段；第二阶段，羽毛形成了羽根，羽枝的基部与之愈合，成簇状分叉；第三阶段，羽毛产生了羽轴，羽枝沿羽轴排列，中国鸟龙的身体上分别保存有对应于第二和第三阶段的原始羽毛；第四阶段，出现小羽枝等更进步的鸟类羽毛的构造。在中国鸟龙的身体上发现确切的原始羽毛构造，不仅确立了鸟类羽毛和恐龙毛状物的同源关系，而且进一步支持了鸟类起源于恐龙的假说。

除了带毛恐龙的研究，在辽西义县组最近还发现了另外两种重要的恐龙分子。一种是热河龙，这是在义县组发现的第二种鸟臀类恐龙，经初步研究鉴定认为是一种原始的鸟脚类。另外一种是锦州龙，是辽西发现的第一件禽龙化石，锦州龙的一些特征比多数禽龙类原始，另外一些特征却非常接近鸭嘴龙类，但多数特征接近于早白垩世的禽龙类。锦州龙的进步和原始特征的镶嵌组合对于研究禽龙类的演化和鸭嘴龙类的起源具有重要意义。这一大型恐龙的发现还丰富了热河生物群的组合面貌。

二、哺乳动物新的重要发现

继张和兽和热河兽以后，最近在辽西义县组又发现了一种十分有趣的原始的哺乳动物，已被命名为爬兽。化石包括完整的头骨，而且是立体保存的。它一方面具有发育的齿骨——鳞骨关节、前臼齿和臼齿的分化等典型的哺乳动物的特征；而另一方面也保留了一些类似爬行动物的原始的特征，因此被认为是热河生物群已发现的哺乳动物中最原始的一种，是热河生物群中比较引人注目的大型无脊椎动物。

三、其他方面的重要研究

最近通过对这一类化石的详细研究，对环足虾科的特征进行了重要补充和修订。在昆虫研究方面，最近建立了许多新的种类。如，归为膜翅目的许多蜂类化石，许多科都是在我国的首次报道。在此基础上，还对义县组沉积时期的古气候进行了分析，认为当时在辽西地区存在复杂多变的气候环境。归为同翅目的蚜虫类化石在热河生物群十分丰富，最近也有详细的论述。此外，对隶属蜻蜓目的衍蜓的研究，得出了一些重要的结论，如认为多室华衍蜓和三尾类蜉蝣一样，都是热河生物群的一个广布种。此外，通过对比，研究者还提出，辽西的义县组和山东莱阳组时代相当，都属于晚侏罗世。尽管昆虫学家的这一观点可能并不会被多数古生物学家所接受，但很显然有关热河生物群时代问题的争论还将继续一段时间。

辽宁古果在热河生物群的发现引发了探讨被子植物起源问题的热潮。虽然热河生物群发现的多种不同的植物都先后被归入被子植物，但至今唯有辽宁古果得到了较广泛的接受。最近发现的一些带有和蕨类植物相似叶片的辽宁古果化石，可能改变我们过去对这一化石的许多看法。最新的一些关于被子植物起源的研究中提出被子植物可能起源于类似睡莲一类的植物。

总之，热河生物群的研究最近取得了显著的进展，而且有关的研究在国际学术界也产生了很大的反响。然而，我们并不能因此而沾沾自喜，许多重大的学术问题还存在各种各样的争论。而且，如何把我国在化石资源上的无数个世界第一最后转化为原创性的理论并保持在国际古生物学前沿领域的领先地位，将是我们今后努力的方向。

第五节　热河生物群的科学意义

作为少有的中生代化石产地，热河化石群所产化石数量之多、门类之齐全、保存之精美，不仅为世间仅有，而且具有极其重要的科学价值。

可以毫不夸张地说，辽西发现的古生物化石几乎囊括了中生代向新生代过渡的所有生物门类，对研究“带羽毛的恐龙”与鸟类起源和羽毛起源的关系，对探讨早期鸟类的演化，对考证早期哺乳动物和被子植物的辐射等均具有巨大价值。

世界上保存最好的早期哺乳动物骨架——张和兽。

地球上第一枝“花”（花为被子植物特有）：距今1.45亿年（晚侏罗纪）的被子植物——“辽宁古果”的发现，改写了被子植物起源史。

世界上第一批被发现长有“羽毛”的恐龙：中华龙鸟、北票龙、原始祖鸟和尾羽鸟。

保存最完整的早期蛙类：这只极其珍贵的三燕丽蟾化石距今至少1.2亿年，是世界上迄今已知骨骼保存得最为完整、精美的早期蛙类化石之一，为研究蛙类起源和早期演化提供了重要信息。

最早的鸟类化石群：孔子鸟、娇小辽西鸟、辽宁鸟、朝阳鸟等早期鸟类化石的发现，打破了始祖鸟一统天下的局面。距今大约1.4—1.2亿年的辽西鸟类化石群交叉分布在地层中，大都保存完好，例如，距今1.4亿年的娇小辽西鸟化石，是迄今已知最小的早期鸟类化石；而作为世界上最早的今鸟类，辽宁鸟则是现生鸟类最早的“祖先”类型。

我国辽西新发现的奔龙化石不仅为详细研究恐龙与鸟类的演化关系，而且为进一步探讨羽毛的起源和早期演化提供了关键性证据。我们已经认识到恐龙与鸟类两者有100多个解剖学特征是相同的、共有的（例如叉骨、羽毛、灵活转动的半月形腕骨等）。在所有进步的兽脚类恐龙中，快速奔跑的奔龙被认为与鸟类的关系最密切。现在我们可以说，恐龙并没有完全绝灭，现代的鸟类就是长羽毛恐龙的子孙后代，今天仍与我们人类生活在同一蓝天下。辽西新发现的全身长有羽毛的奔龙化石在美国纽约国家自然历史博物馆的展出引起极大轰动，全世界数十家主要新闻机构（例如英国的BBC、美国的ABC、CNN《纽约时报》、《洛杉矶时报》、《华盛顿邮报》、《时代》杂志等）均对此最新研究成果作了显著报道。

第六节　热河生物群陈列标本

（除植物群以外，均为馆藏）

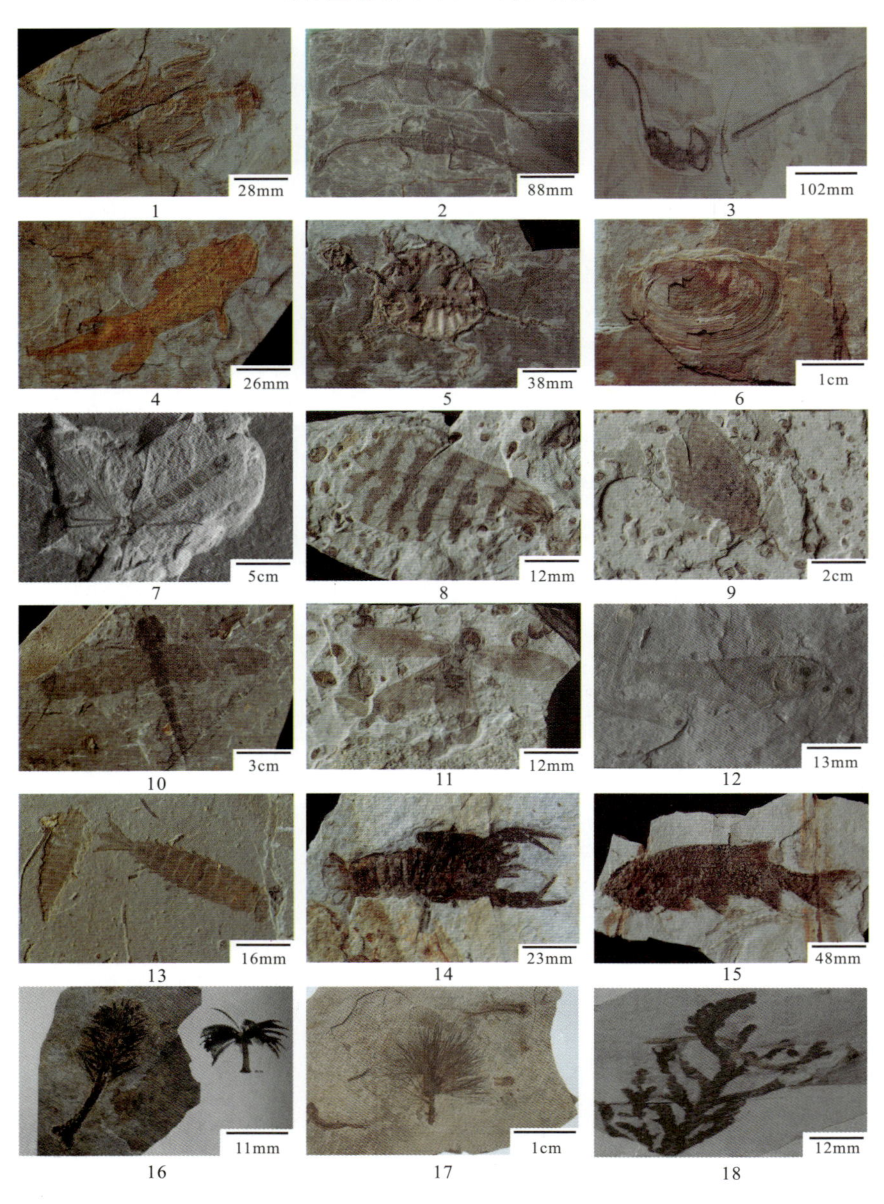

图 3－1　热河生物群面貌

1. *Cathayornis* sp.（华夏鸟）；2、3. *Hyphalosaurus lingyuanensis*（凌源潜龙）；4. 蝾螈；5. *Manchurochelys liaoxiensis*（辽西满洲龟）；6. *Eosestheria ovata*（卵形东方叶肢介）；7. *Architipula*（古大蚊）；8. *Embaneura*（艾烟斑蛉）；9. *Liaocossus*（辽蝉）；10. *Sinaeschnidia cancellosa*（多室中国蜓）；11. *Hipidoblattina hebeiensis*（河北沟蠊）；12. *Lycoptera* sp.（狼鳍鱼）；13. *Ephemeropsis trisetalis*（三尾拟蜉蝣）；14. *Cricoidoscelosus aethus* Taylor *et al.*，1999（奇异环足虾）；15. 鳞齿鱼；16. *Cycadites lingyuanensis*（凌源似苏铁）；17. *Pityocladus densifolius*（密叶松型枝）；18. *Brachyphyllum longispicum*（长穗短叶杉）

一、动物

图 3-1-1　*Cathayornis* sp.(华夏鸟)

华夏鸟:完整个体,趾骨不全。为朝阳地区最早被发现的中生代鸟类之一,它个体小,头部骨骼很少愈合,头颅较大,吻较长而低,具牙齿。胸骨龙骨突低,但与乌喙骨关联的面宽阔,肱骨近端已有小的气窝,掌骨近端愈合,并有腕骨滑车,指爪仅有两个且不发育,趾爪也不太钩曲。

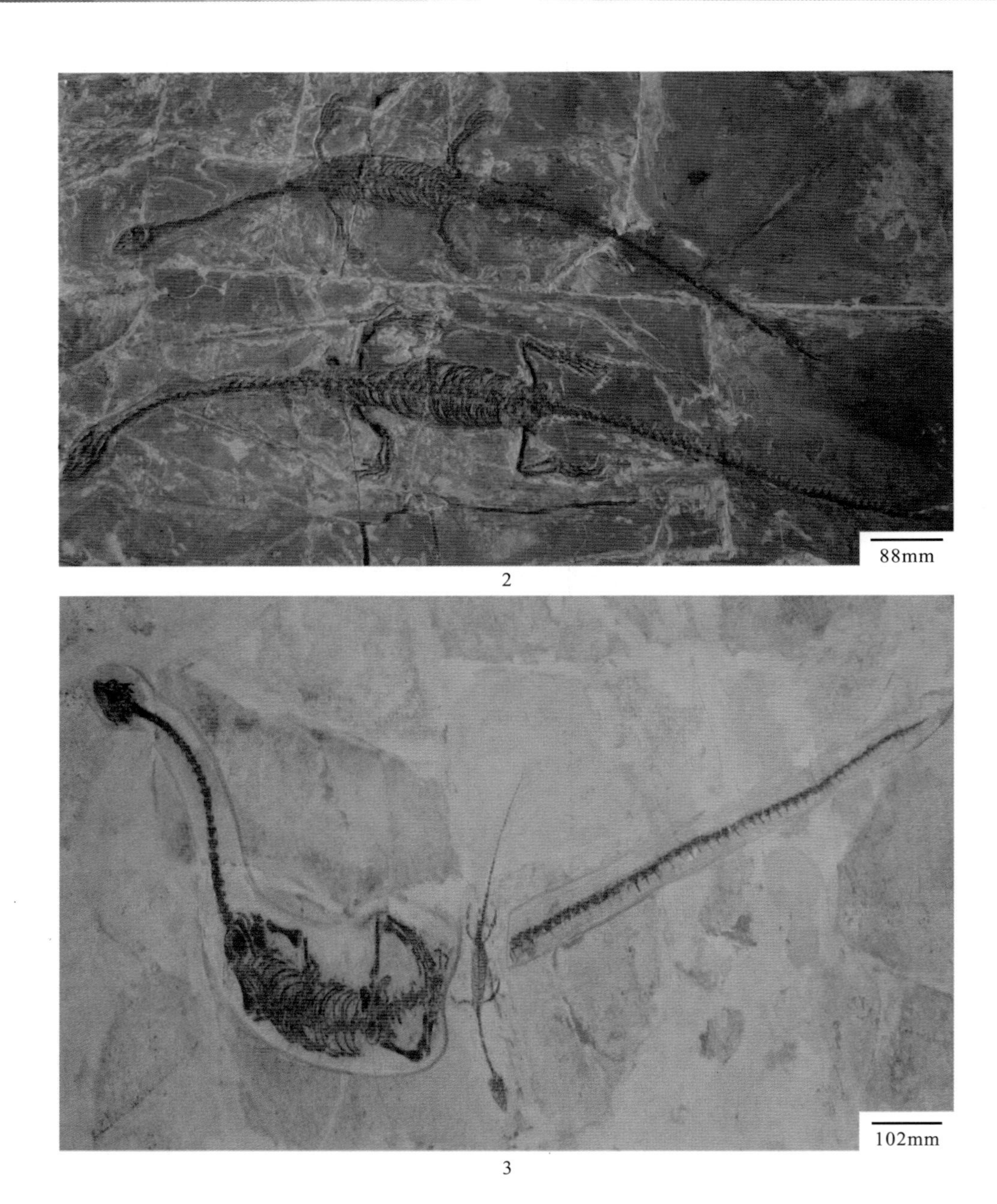

图 3-1-2、3　*Hyphalosaurus lingyuanensis* Gao, Tang & Wang, 1999(凌源潜龙)

凌源潜龙:长颈双弓类水生爬行动物,相对身体比例,头骨较小,颈部长,颈椎 19 个,显著肿大的背肋呈"S"形。腹肋超过了 20 组,每组由 3 段组成,而对应每一椎体有 2～3 组腹肋,其头骨相对小,吻部尖,似针状牙齿,特殊的长颈反映该动物适应湖泊环境,为食鱼动物。凌源潜龙是迄今为止中国发现的第一个来自中生代湖泊沉积中的长颈水生爬行动物。

图 3－1－4　蝾螈

蝾螈:体长约 7～9cm。背和体侧均呈黑色,有蜡光,腹面为朱红色,有不规则的黑斑;肛前部橘红色,后半部黑色;头扁平,吻端钝圆;吻棱较明显;有唇褶;皮肤较光滑,有小表粒。躯干部背面中央有不显著的脊沟;尾侧扁。犁骨齿两长斜行成"∧"形。四肢细长,前肢四指,后肢五趾;指、趾间无蹼。雄性肛部肥大,肛裂较大;雌性肛部呈丘状隆起,肛裂短。

图 3-1-5 *Manchurochelys liaoxiensis* Ji,1995(辽西满洲龟)

辽西满洲龟:个体中等大小,下颌缝合部短。鼻孔小,向前上方张开。眼眶椭圆形,面向前侧上方。甲壳低平,背甲完全骨化,略呈短圆形,前缘中部内凹。椎盾短宽。2—4椎盾六边形,宽显著大于长。椎板长大于宽,1、2椎板为长方形,3—8椎板呈短侧边朝前的六边形,腹甲十字形,前端锐圆,略尖。骨桥宽度中等,腹甲侧窗1对,较大,略呈半圆形,具腹甲中窗。

图 3-1-6　*Eosestheria ovata* Chen,1976(卵形东方叶肢介)

卵形东方叶肢介:为淡水小型节肢动物,壳瓣卵圆形—椭圆形,个体大,长 17～21mm,高 12～15mm。背缘直,壳顶位于基前端,前、后缘圆,腹缘向下拱曲,生长带比较宽,25～32 条。壳瓣前腹部的生长带上具有比较大的网格状装饰,形状不规则且上下拉长,向背部网孔变小,形状亦较规则;壳瓣后腹部生长带上具有较疏的细线装饰,间或夹有短线,有时向上或向下分叉,常常歪曲,线脊之间的间距比较开阔。

图 3-1-7 *Architipula*（古大蚊）

古大蚊：虫长 17mm，与北方现古大蚊相同，4 个触角每个长 18mm，2 个复眼突出明显，翅痣有横脉，适合生活在草丛灌木之中。

图 3-1-8 *Embaneura*(艾烟斑蛉)

艾烟斑蛉:大型昆虫,虫体长 2.7cm,前翅展开长 11cm,后翅与前翅相同,前后翅有共同的 4 道色斑。横脉细密清晰。

图 3-1-9 *Liaocossus*(辽蝉)

辽蝉:同翅目,古蝉科。前翅长 25mm,宽 12mm。前翅三角形,具有 1 个显著的结脉,横贯翅面,后翅明显小于前翅,翅面具有清晰的色斑。该类昆虫成虫生活在裸子植物的树干之上,幼虫生活在土壤之中。

图 3-1-10　*Sinaeschnidia cancellosa* Ren,1995(多室中国蜓)

多室中国蜓:蜻蜓目,古蜓科,大型昆虫。前翅长 62mm、宽 17mm,后翅长 67mm、宽 26mm。翅痣明显伸长,其下有 10 个横脉。前后翅三角室均为立式,内部小室细密,下三角室不发育。后翅臂区极大。翅面色斑明显。稚虫发育有细长的足,雄性种类腹部末端发育有 2 个明显的尾叉,雌性种类在尾叉之间还发育有 1 个细长的产卵板。成虫生活在湖岸和沼泽地区,飞行能力极强,属捕食性种类。稚虫生活在湖泊水底,以弱小的鱼类和水生昆虫为食。

图 3-1-11　*Hipidoblattina hebeiensis*（河北沟蠊）

河北沟蠊：虫体长 2cm，宽 2.6cm，前翅长于后翅，后翅宽于前翅，翅横脉细纹清晰可见。

图 3-1-12 *Lycoptera* sp.（狼鳍鱼）

狼鳍鱼：为硬骨鱼纲，狼鳍鱼目，狼鳍鱼科，狼鳍鱼属。体小，呈纺锤形，身体最高部位于胸鳍和腹鳍之间，体高约为全长的 1/5～1/4，头大，吻端圆钝，头长与头高几乎相等。眼大，口缘具大的锥形齿。上颌骨口缘平直，有别于戴氏狼鳍鱼。脊椎 43～45 个，最末 3 个尾椎上扬。背鳍位置偏后，起点于臀鳍起点之前约 1～2 个脊椎，尾鳍分叉浅，分叉鳍条不多于 15 条。鳞片圆形。营淡水生活。

图 3-1-13 *Ephemeropsis trisetalis* Eichwald,1864(三尾拟蜉蝣)

三尾拟蜉蝣:蜉蝣目,六族蜉蝣科。稚虫虫体长 50mm、宽 9mm,属较大型的昆虫,头显大。3 对足细长。虫体腹节具有游泳用的鳃叶。尾部具有 3 个细长的尾须,十分显著。为水生昆虫的典型代表,生活在较清澈的水中,游泳能力不强。一生大部分时间为幼虫状态,成虫一经孵化,很快死亡。所以该化石所见大部分都是幼虫状态。

图 3-1-14　*Cricoidoscelosus aethus* Taylor *et al.*, 1999(奇异环足虾)

奇异环足虾：淡水小龙虾化石，雄性个体第一腹足呈棒状，第二腹足无特化，雌性具肢环沟构造。

图 3－1－15　鳞齿鱼

鳞齿鱼:以生活于水底的厚壳无脊椎动物为食,生活于浅海、深湖和淡水湖中。这种化石鱼很少发现有完整的,通常只保存孤立的鳞或骨质骨板。颅骨有结状突出物,鳃覆盖厚实的鳃盖骨,嘴长有半球形的具有碎功能的齿。中等长的身体覆盖着闪光但有很厚珐琅质的鳞,这些鳞呈纵向排列。

二、植物

图 3－1－16　*Cycadites lingyuanensis* Zheng sp. nov(凌源似苏铁)

凌源似苏铁:属苏铁类,似苏铁属。羽叶单羽状分裂,保存长约 12cm,中上部宽约 5cm,羽轴宽约 7cm,基部扩张成三角形;裂片仅保存于轴的中上部,基部最宽约 2mm,向上缓缓变窄,顶端尖锐;每枚裂片含脉 1 条;表皮构造特征不明。此类植物多喜热并耐干旱气候。

图 3－1－17 *Pityocladus densifolius* Wu，1999（密叶松型枝）

密叶松型枝：属松柏纲，松柏目，松科。松柏类带叶的长枝和短枝。短枝不规则地着生于长枝上，短柱状，短枝上密生宽不及 1mm 的针形叶。该植物对气候的适应性较强，在中、新生代具有广泛地理分布。

图 3-1-18　*Brachyphyllum longispicum* Sun,Zheng & Mei,2001(长穗短叶杉)

长穗短叶杉:属松柏纲,掌鳞杉科。带球果的松柏类具叶小枝,不规则的分枝多次,保存长可达 7cm。枝上布满贴生的菱形小叶片,在小枝的顶端着生雌球果。球果呈伸长的圆锥形,由菱形—卵圆形种鳞复合体组成,种子不明。本科属均为已绝灭植物,一般属喜热耐旱植物。

结束语

地球生命起源与演化已有30多亿年的历史，复杂的环境变迁和漫长的生物演化之间存在着千丝万缕的联系。数十年来，尽管人类的认识取得了空前的进展，但仍有许多未解之谜需要探索和研究。

中国拥有丰富独特的古生物化石资源和穿越整个地史时期、沉积类型多样的地质记录，而20世纪国际上针对地史时期生物多样性演变的研究往往缺乏中国的系统资料。澄江生物群、关岭生物群、热河生物群的相继发现和挖掘，无疑属于一个世界级的化石宝库，把生物的起源和演化推进了一大步。

澄江生物群的发现证实了“寒武纪大爆发”的客观存在。研究结果表明，“寒武纪大爆发”是生物史上最重大的演化辐射事件。现代动物多样性的基本框架，即门一级的动物分类，在“寒武纪大爆发”过程中就已基本形成，而所有的现生动物门类只是由寒武纪早期就已出现的部分类群演化而来。

然而，如果由此认为绝大多数已知动物门类是在“寒武纪大爆发”中几乎同时产生的，显然是进入了一个认识误区。古生物学、生物学和分子生物学研究结果都表明，生物门类之间的亲缘有远近亲疏的显著差异。如此众多的动物门类，简单的或复杂的，低等的或高等的，在寒武纪早期突然大量出现，并有一部分门类(例如节肢动物门)的演化已达到了相当复杂的程度，说明多细胞动物门类的起源和早期分异必然发生在化石记录中的“寒武纪大爆发”之前。

地球环境的变化，尤其是大气圈氧含量的逐步增加并超过某一“临界点”，可能是导致“寒武纪大爆发”发生的一个主要原因。

澄江生物群的发现和研究彻底改变了“寒武纪是三叶虫时代”的传统认识，有史以来第一次生动地再现距今5.2亿年的海洋动物世界的真实面貌，将包括脊索动物在内的大多数现生动物门类的最早化石记录追溯到寒武纪初期，充分展示了“寒武纪大爆发”的规模、作用和影响以及由此产生的生物多样性和复杂生态系。我国完整而连续的生物化石记录可为揭示动物起源和寒武纪大爆发过程提供独一无二的证据。依据我国的化石记录和研究，动物起源和寒武纪大爆发过程的一些基本模式可以总结为：动物可靠的最早化石记录发现于埃迪卡拉纪早期，成冰纪及其以前的动物化石均存在疑问。动物起源和寒武纪大爆发的过程具有阶段性辐射和灭绝的特征。首先早期动物可能经历一个隐形的演化阶段，受环境限制(低氧气含量)，动物以微体形式进行一段时间的演化，可能在发育层次上具有相当高的多样性。这个隐形动物世界随后被以埃迪卡拉型为代表的大型复杂生命所替代，主要表现为刺细胞动物级别的多样性分化。动物在寒武纪初期以梅树村动物群为代表，开始了两侧对称动物和生物骨骼矿化的大爆发，并随后又被以澄江生物群为代表的寒武纪动物群所替代，达到了动物造型多样性的高峰。以上 4 个阶段的辐射演化被相应的 4 个生物灭绝事件断开(Zhu et al.，2007a)。动物起源于浅水，并逐步向深水迁移，在筇竹寺期动物的生态空间扩展至深海。因而，筇竹寺期是动物寒武纪大爆发高峰期。寒武纪大爆发不仅是动物造型的大爆发，也是生态空间的大扩展。

关岭生物群是中华民族文化宝库。它对研究古特提斯海生物群的分布、演化、三叠纪—侏罗纪的海洋统治者——鱼龙的演化具有重要的科学价值。关岭生物群在距今 2.5 亿年前的早三叠世晚期，伴随地球历史上联合古大陆的形成和全球海平面下降，地球上发生了一次空前绝后的生物大灭绝事件，地球表层生态系统在这次事件中遭到毁灭性打击而彻底瓦解。在此后三叠纪所开始的地球表生生态系统恢复和重建过程中，一支本已适应陆地生活，但在二叠纪末期生物大灭绝中遭受重创的爬行动物，奇迹般地在海洋中得到适应和凶猛发展，并成为中生代新型海洋生态系统中不可一世的肉食性动物。鱼龙作为进入海洋，并最早较好适应海洋生活的肉食性动物海生爬行动物之一，以其巨大的体型和凶猛的捕食习性占据当时海洋生物食物链之巅，成为了当时海洋环境中当之无愧的霸主。

关岭生物群的发现，特别是木盾齿龙类和海龙类的发现，弥补了我国古生物研究领域一项重要的空白，使我国的三叠纪海生爬行动物化石第一次能够比较全面地在大的类群上与世界其他此类动物群，尤其是西特提斯动物群相对比。

目前，就整个中国的三叠纪海生爬行动物化石研究而言，我们仍旧处于一个资料积累的时期，只有在化石材料真实、准确，描述详尽，鉴定无误的基础上，才能进一步讨论各类群的系统发育问题和相关的古动物地理问题，否则谈论“深入研究”，无异于空中楼阁。现代的分支系统学和隔离分化生物地理学，或者任何其他传统理论，都是建立在这一标准之上的。就标本而言，我们具有一些保存完整的材料，但是目前来看，生物群的丰富程度还比较低，无法与欧洲的一些地区相比。这或许就是关岭生物群的本来面貌，或许是研究程度不够深入所致。

热河生物群无疑属于一个世界级的化石宝库，并在白垩纪陆地生态系统的演化中起到了关键的作用；另一方面，通过对热河生物群中无脊椎动物的昆虫多样性进行统计分析，认为热河生物群中的昆虫可以划分为早、中、晚 3 个发展阶段，而且不同发展阶段的昆虫呈现物种多样性。热河生物群是在白垩纪早期(距今 1.2 亿年左右)分布在东亚地区，特别是我国的冀北、辽西地区的一个十分繁盛的中生代生物群。因为拥有保存精美的植物、无脊椎动物和脊椎动物约 20 个大的门类的古生物化石，从而使得冀北—辽西地区成为该地质时期世界上最重要的化石宝库，被人们喻为中国的“白垩纪公园”。众所周知，最近一些年来，这一方面的研究取得了不少享誉世界的科研成果，特别是其中大量恐龙、鸟类、哺乳类、开花植物等重要的化石发现，引起了广大公众的浓厚兴趣。热河生物群的生物，如果不保存为化石，我们将永远也无法得知一亿多年前的辉煌历史。热河生物群的一系列重要的新发现改变了我们对中生代生物演化的许多原有认识，成为中国奉献给世界的一个百年不遇的化石宝库，也成为 21 世纪以来国际古生物界最为引人注目的事件之一。

我们可以自豪地说，由于上述生物群的发现，为我们在地质历史领域研究生物起源和演化提供了可能，大大缩短了在这方面与国外的差距。我们完全可以相信，随着这些相关地质环境综合研究的不断进展，中国的古生物学家和地质学家在上述研究领域和环境背景研究相互作用领域将作出更多的贡献。

特别鸣谢

最后，感谢中科院南京古生物研究所朱茂炎研究员和副研究员赵方臣在百忙之中，抽空对本书第一章澄江生物群进行了把关和提出了一些很好的建议，特别是赵方臣副研究员对澄江动物群具体门类进行了把关。我校龚一鸣教授审阅了全文，提出了修改建议，研究生张鹏对附图进行了必要加工，研究生黄云飞对书中拉丁文进行了校对，为本书增色作出了重要贡献。同时也十分感谢学校职能部门多年来对我系实验室的可持续发展从财力、物力上给予的大力支持，以及对本书出版的关心和支持。

参考文献

陈均远. 动物世界的黎明[M]. 南京:江苏科学技术出版社,2004.

侯先光,冯向红. 澄江生物化石群[J]. 生物学通报,1999,34(12):6-8.

孙卫国. 澄江动物群和寒武纪大爆发[J]. 生物进化,2002,2:33-36.

汪啸风,陈孝红等.关岭生物群——探索两亿年前海洋生物世界奥秘的窗口[M]. 北京:地质出版社,2004.

王尚彦,王宁. 关岭生物群的生活环境[J]. 贵州地质,2002,73(4):240-241.

吴启成. 辽宁古生物化石珍品[M]. 北京:地质出版社,2002.

张文堂. 寒武纪生命扩张及澄江动物群的意义[J]. 地学前缘(中国地质大学,北京),1997,4(3—4):117-121.

赵方臣,朱茂炎,胡世学. 云南寒武纪早期澄江动物群古群落分析[J]. 中国科学:地球科学,2010,40(9):1135-1153.

赵丽君,吴慧珍. 关岭海生爬行动物群研究评述[J]. 地质论评,2007,53(3):318-322.

周忠和. 热河生物群研究最新进展[J]. 中国基础科学研究进展,2001,2:27-30.

Zhu Maoyan, Strauss H, Shields G A. From Snowball Earth to the Cambrian bioradiation: Calibration of Ediacaran-Cambrian Earth history in South China[J]. Palaeogeography, Palaeoclimatology, Palaeoecology, 2007a, 254: 1-6.